楽しく学ぶ
Unity
「2Dゲーム」
作りのきほん

森 巧尚 ［著］

本書のサポートサイト

本書のサンプルファイル、補足情報、訂正情報を掲載してあります。
適宜ご参照ください。
https://book.mynavi.jp/supportsite/detail/9784839986087.html

- 本書は2024年12月段階での情報に基づいて執筆されています。
  本書に登場する製品やソフトウェア、サービスのバージョン、画面、機能、URL、
  製品のスペックなどの情報は、すべてその原稿執筆時点でのものです。
  執筆以降に変更されている可能性がありますので、ご了承ください。

- 本書に記載された内容は、情報の提供のみを目的としております。
  したがって、本書を用いての運用はすべてお客様自身の責任と判断において行って
  ください。

- 本書の制作にあたっては正確な記述につとめましたが、著者や出版社のいずれも、
  本書の内容に関してなんらかの保証をするものではなく、内容に関するいかなる運
  用結果についてもいっさいの責任を負いません。あらかじめご了承ください。

- 本書中の会社名や商品名は、該当する各社の商標または登録商標です。

- 本書中では™および®マークは省略させていただいております。

はじめに

この本は、Unityの超初心者が2Dゲームを作るための入門書です。
「Unityを使うとゲームが作れるらしいので、自分でもゲームを作ってみたい！」と思っている人は多いのではないでしょうか。

書店に行くと、Unityを解説した良書がたくさん並んでいます。面白そうな本を買ってきて、手順通りにサンプルゲームを作った人もいると思います。「これなら自分も面白いゲームを作れるかも！」と、ワクワクされたことでしょう。
ところが、いざ自分でゲームを作ろうと思ったら、どこから作ればいいのかよくわからない、どう考えればいいのか悩んでしまう、という人も多いのではないでしょうか。

この本では、「**自分で考えて、自分の手で作れるようになること**」を目標に解説していきます。そのために、シンプルで簡単なゲームをたくさん作っていきます。
自分で考えて、自分の手でゲームが作れるのは、とても楽しいことです。完成して動くと、とても感動しますし、できたゲームがいとおしく感じます。

なお、この本はUnity 6の登場に伴い、以前発行した『楽しく学ぶ Unity 2D超入門講座』をベースに、本文とスクリプトとゲームを大幅にリニューアルしました。スクリプトに新機能をたくさん追加し、よりやさしく面白いゲーム作りができるようにバージョンアップしています。

ぜひ、「**自分の手の届く範囲のゲーム**」を作るところからはじめてみてください。「**このゲームは、自分で考えて作ったんだ**」という現実こそが、ゲーム作りの第一歩です。それが、だんだんと自分の自信となり、次のゲーム作りへと進んで行きます。

Unity6では、より直感的なインターフェースに改良され、ゲームの制作がしやすくなりました。この本では、新しいインターフェースを活用しつつ、初心者の方でも理解しやすいよう丁寧に解説しています。
ぜひ、**自分の頭と手を使ってゲームを作る楽しさ**を体験してみてください。

2024年12月

森 巧尚

もくじ

はじめに	003
本書の使い方	010
本書のサンプルファイルについて	012

CHAPTER 1 Unityって何？ 013

1.1 Unityは、ゲームを作るソフトウェア — 014
「遊ぶ側」から「作る側」へ
Unityは、ゲームを作れるソフトウェア
2Dゲームの開発に必要なものは？

1.2 Unityをインストールしよう — 019
無料版、有料版の違い
Unity HubとUnityエディタ
Unity Hubのインストール
Unity Hubへサインイン
Unityエディタのインストール

CHAPTER 2 Unityを触ってみよう 027

2.1 プロジェクトを作ってスタート — 028
新しいプロジェクトを作る
COLUMN コアの違い
ウィンドウの役割
画面サイズの設定
COLUMN ウィンドウのレイアウト

2.2 Unityゲームの考え方 — 033
シーンにゲームの部品を並べる
COLUMN シーンのマス目
部品に機能をつける（アタッチする）

2.3 まずは、動かしてみよう — 037
サンプルファイルを読み込もう
COLUMN スクリプトは名前に注意！
画像をシーンに置いてオブジェクトを作る
シーンの操作方法
オブジェクトの操作方法
スクリプトをアタッチして動かそう

004

APTER 3 スクリプトで動かそう 047

3.1 スクリプトはUnityのプログラム ———— 048
新しいシーンを追加する
スクリプトは「いつ、何をするのか?」で考える
ずっと、水平に移動する
COLUMN スクリプトをアタッチする方法
スクリプトの解説

3.2 「ときどき、曲がる」をさらにアタッチ ———— 057
オブジェクトに、複数のスクリプトをアタッチする
スクリプトの解説

3.3 「ときどき、反転する」に差し換える ———— 062
オブジェクトのスクリプトを削除してから、付け換える
スクリプトの解説

CHAPTER 4 マウスでタッチしよう 067

4.1 コライダーでマウスのタッチを有効化 ———— 068
Box Collider 2Dをアタッチしてマウスのタッチを調べる

4.2 「タッチしたら、消す」 ———— 069
新しいシーンを追加する
タッチしたら、オブジェクトを消す
スクリプトの解説

4.3 「タッチしたら、表示する」 ———— 074
タッチしたら、オブジェクトを表示する
スクリプトの解説
レイヤーでオブジェクトの重なり順を指定する

4.4 「タッチしたら、回転」 ———— 081
タッチしている間だけ、回転するオブジェクト
スクリプトの解説

4.5 「タッチしたら、回転してゆっくり止まるルーレット」 ———— 085
一度タッチしたら、回転してゆっくり止まるオブジェクト
スクリプトの解説

CHAPTER 5　上下左右キーで移動して、衝突　　089

5.1 「上下左右キーで、移動（衝突なし）」 ———— 090
新しいシーンを追加する
上下左右キーで動く主人公
スクリプトの解説

5.2 衝突のしくみ ———— 096
Rigidbody 2DとCollider 2Dで衝突するしくみを作る
COLUMN　RigidbodyとRigidbody 2D
重力スケールを0にすると、落下しなくなる

5.3 「上下左右キーで、移動（衝突あり）」 ———— 102
スクリプトを差し換えて、Rigidbodyで動かす
スクリプトの解説
ステージに壁を作ろう

5.4 「ずっと、追いかける」 ———— 110
目標に向かって、少しずつ近づく
スクリプトの解説

5.5 「衝突したら、表示」でゲームオーバー ———— 118
敵と衝突したら、ゲームオーバー
スクリプトの解説 ❶
スクリプトの解説 ❷
宝箱と衝突したら、ゲームクリアを表示

5.6 「衝突したら、消す」で扉を開ける ———— 129
扉を置いて進めなくする
鍵と衝突したら、扉を消して進める
スクリプトの解説

······························

CHAPTER 6　アニメーション　　135

6.1 アニメーションとアニメーター ———— 136
アニメーションは「ある1つの動作」
新しいシーンを追加する
上下左右キーで移動する主人公
アニメーションでパラパラマンガを作る

6.2 「上下左右キーで、アニメーションを切り換える」 ———— 142
主人公に、複数のアニメーションを追加
上下左右キーで、アニメーションを切り換える
スクリプトの解説

CHAPTER 7 シーンを切り換える　151

7.1 シーンを複数用意する —————— 152
ゲームは、複数のシーンでできている
シーンを2つ用意する

7.2 「タッチしたら、シーンを切り換える」 —————— 154
使うシーンを登録する
ボタンにタッチしたら、シーンを切り換える
シーンを複製して、少し違うシーンを作る
スクリプトの解説

CHAPTER 8 重力を使うゲーム　163

8.1 重力は、ずっと下向きにかかる力 —————— 164
ずっと、下向きに力が加わる
新しいシーンを追加する
ハンバーガー出現魔法を作ろう

8.2 「左右キーで移動、スペースキーでジャンプ」 —————— 169
左右キーで移動、スペースキーでジャンプ
スクリプトの解説

8.3 動く床、乗って動く床、すり抜ける床 —————— 176
動く床
スクリプトの解説
乗って動く床
上にすり抜ける壁
水の塊
スクリプトの解説

8.4 広いステージを走り回る —————— 189
広いステージを作る
追いかけるカメラをアタッチ
スクリプトの解説

CHAPTER 9 プレハブでたくさん作る　　197

9.1 プレハブは、カスタムオブジェクト ———— 198
あとから登場させるオブジェクトをプレハブで作る

9.2 「タッチしたら、プレハブ登場」 ———— 200
新しいシーンを追加する
往復するオブジェクトをプレハブで作る
タッチしたらプレハブを作る
時間が経ったら自分を消去する
スクリプトの解説 ❶
スクリプトの解説 ❷

9.3 「ある範囲にときどき、プレハブ登場」 ———— 209
左右キーで移動する主人公を作る
タルに衝突するとゲームオーバーになるしかけ
タルを降らせる雲を作る
スクリプトの解説

CHAPTER 10 UIテキストでスコア　　221

10.1 シーンをコピーして改造 ———— 222
数を数えるスクリプト
シーンをコピーする
ステージを改造する
スクリプトの解説

10.2 カウンターを作る ———— 230
UI TextMeshProを表示する
カウンターを作ってテスト
スクリプトの解説 ❶
スクリプトの解説 ❷
スクリプトの解説 ❸

10.3 「カウントが○○になったら、消す」 ———— 243
鍵を作る
カウントで扉を消す
スクリプトの解説 ❶
スクリプトの解説 ❷

10.4 違う種類のカウントを行う ———— 252
ハートの残り数をカウントする

スクリプトの解説

近づいたら追いかけてくる敵

スクリプトの解説

CHAPTER 11 音とエフェクトを追加しよう　　　263

11.1 BGMをシーンに追加する ———— 264

シーンにBGMをつける

サウンドファイルの追加

メインゲームにBGMを追加

ゲームオーバーにBGMを追加

ゲームクリアにBGMを追加

11.2 敵と衝突したら、効果音を鳴らす ———— 272

敵と衝突したら、効果音を鳴らす

スクリプトの解説

11.3 火花パーティクルを作る ———— 278

パーティクルシステムで演出効果を作る

パーティクルシステムのしくみ

新しいシーンを追加する

火花のパーティクルを作る

画像で火花パーティクルを作る

タッチで火花を出してテストする

COLUMN　パーティクルシステムの例

11.4 敵と衝突したら、火花パーティクルを表示 ———— 296

スクリプトの解説

索引 ———— 301

こんにちは。ボクはゲーム作りにくわしいカエルです。

本書ではゲーム作りの初心者が楽しく学習できるよう、いろいろな工夫をしています。

1. カエルくんがやさしく教えてくれる

本書は、Unityを使ったゲーム作りの学習を目的にできるだけていねいに、難しい話をやさしく説明していきます。

スクリプトの解説やコラムは「カエルの長老」が顔を出してくわしい話をはじめますが、長老の話は難しめなので、最初は読み飛ばしちゃいましょう。でも、いろいろわかってから読み直してみると、実は面白い話だったと気づくかもしれません。

本書の使い方

――― スクリプトの解説 ―――

以下が、「タッチしたら、消える（On Mouse Down Hide）」スクリプトだ。

緑の枠で区切られているスクリプトの解説は、最初は読み飛ばしてもOK。スクリプトのどこでどんな命令をしているかを解説しています

2. サンプルファイルがついてくる

ゲーム作りに必要なのは、「アイデア」と「画像」と「スクリプト」です。
このうち一番大切なのは、どんなゲームを作りたいのかという「アイデア」です。
これがないとゲーム作りははじまりません。でも、どんなにアイデアが湧いてきても、実現するのはなんだか大変そうですよね。
Unityは、「C#」というプログラミング言語でスクリプトを書いています。ただ、C#言語は奥の深いプログラミング言語で、ちゃんと学習するにはそれなりの時間がかかるものです。今すぐゲームを作りたいあなたにとって、C#言語の学習からはじめるのは、ちょっとつらいですよね。

そこで本書には、ゲーム作りに使える「画像」と「サンプルファイル」を特典として付けました。まずは本書の特典を使いながら、Unityを使ったゲームの作り方の基本を理解していきましょう。もっと詳しく知りたくなったら、カエル長老の説明する「スクリプトの解説」を読んでみたり、C#言語の学習をはじめてみてください。

ゲーム作りの流れ

Chapter 1でUnityをインストールしたら、さっそくゲームを作っていきます。基本的に右図のような流れで進むと覚えてください。

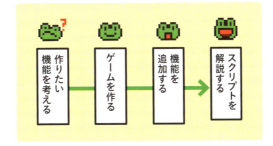

「スクリプトの解説」は、基本的にゲームを作った最後にまとめています。サンプルファイルの指定もあるので、参考にしてみてくださいね。

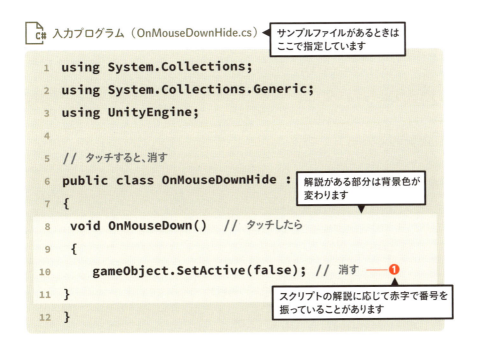

011

本書のサンプルファイルについて

本書で解説しているサンプルファイルは以下のサイトからダウンロードできます。
https://book.mynavi.jp/supportsite/detail/9784839986087.html

■ 実行環境

Unity
本書では Unity 6 を使用して解説しています。

OS
Windows 11、macOS 14（Sonoma）

■ 配布ファイル

「samplefile.zip」を解凍すると、「Unity6.zip」「Unity2022.zip」の 2 つのフォルダが格納されています。
Unity 6 を使用する方は、「Unity6」フォルダを、それ以前のバージョンの Unity を使用する方は「Unity2022」フォルダを解凍してご使用ください。解凍すると以下 3 つのフォルダが格納されています。

「images」フォルダ
本書で使用するサンプルの画像ファイルです。

「Scripts」フォルダ
本書で使用するサンプルプログラムのファイルです。

「Sounds」
本書で使用するサンプルの音声ファイルです。

- 使い方の詳細は、本書内の解説を参照してください。

- サンプルファイルの画像データやその他のデータの著作権は著者が所有しています。
  このデータはあくまで読者の学習用の用途として提供されているもので、個人による学習用途以外の使用を禁じます。許可なくネットワークその他の手段によって配布することもできません。

- 画像データに関しては、データの再配布や、そのまままたは改変しての再利用を一切禁じます。

- スクリプトに関しては、個人的に使用する場合は、改変や流用は自由に行えます。

- 本書に記載されている内容やサンプルデータの運用によって、いかなる損害が生じても、株式会社マイナビ出版および著者は責任を負いかねますので、あらかじめご了承ください。

1

Unityって何？

こんにちは。ボクはゲーム作りにくわしいちょっと変わったカエルです。ここでは、2Dゲームを作りながら、一緒にUnityについて学んでいきましょう。まずは準備をはじめますよ。

CHAPTER 1.1
Unityは、ゲームを作るソフトウェア

> ゲーム作りに欠かせないUnityについて詳しく説明するよ

 こんにちは。ボクはちょっと変わったカエルです。カエルだけど、ゲームの作り方についていろいろ知っています。

皆さんは、どんなゲームが好きですか？ 走ったりジャンプをして、敵を倒していく**アクションゲーム**？ 頭を使って謎を解く**謎解きゲーム**？ いろいろな経験をして成長していく**ロールプレイングゲーム**？ ほかにも**パズルゲーム**や**物語を楽しむゲーム**など、いろいろありますよね。

「遊ぶ側」から「作る側」へ

そんなゲームを、**自分の手で**作れたら面白いと思いませんか。

もちろん、市販の超大作ゲームは、多くのプロが何年もかかって作るものだから、そんな大作ゲームを作るのは難しいでしょう。でも、ゲームといっても色々あります。ちょっとした、小さいゲームなら一人でも作れるのですよ。

自分で考えたゲームが、実際に目の前で動き出して遊べるのです。それは、とても感動的なことです。「ゲームを作る」のは「ゲームを遊ぶ」のとは別の楽しさがあります。**「自分で考えたゲームを、自分の手でこの世に作り出せた」**という、達成感と自信を与えてくれます。

 最近、ゲーム作りがどんどん身近になってきています。プログラミングスクールやゲーム制作の授業が増えているんです。

面白いのは、プログラミングが苦手だなあと思っている人でも、**Unityというソフトを使えば楽しくゲームを作れる**ということです。授業では、中学生、高校生、大学生など、多くの学生が目を輝かせながら挑戦しています。

絵が得意な人は、自分で描いたキャラクターや背景の絵をゲームの中で動かすことができるのです。それはもう、時間を忘れて夢中になって作る学生が多くいます。大人の方も、休日の趣味としてゲーム作りを楽しんでいます。

あなたも、ゲームを作ってみませんか。「**ゲームを遊ぶ人**」から「**ゲームを作る人**」に変わると、ゲームの世界がまったく違って見えてきます。きっと、新しい発見がたくさんありますよ。

この本では、**サンプル画像**と**サンプルスクリプト**を用意していて、これを組み合わせて**2Dゲーム**を作っていきます。いろいろなゲームをプラモデルのように、やさしく組み立てていきますよ。でもなぜ、**2Dゲーム**を作るのでしょうか? それには理由があります。

2Dゲームを作る理由

1. 3Dゲームは、確かに見た目が派手で面白いです。ですが、**3Dモデルを作ったり操作する方法を学ぶのは大変**。ゲーム作りの基本以外にも、覚えることがたくさんあるのです。
2. 一方、**2Dゲームなら「絵」さえ用意すれば作れます**。ゲーム作りの基本に集中できるのです。
3. さらに**2Dゲームの作り方がわかれば、後で3Dゲームを作りたくなったときにも役立ちます**。2Dの知識を3D空間に置き換えて考えれば、理解しやすくなります。

例えば、このような2Dゲームを作っていきますよ。

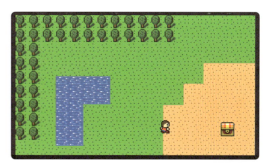

🐸 Unityは、ゲームを作れるソフトウェア

ゲームを作るツールはたくさんありますが、その中でも、使いやすくて優れているのが「Unity」です。Unityは、**ゲーム作り専用のソフトウェア**で、いろいろな特徴があります。

> **1. 多様なゲームが作れる**
> - アクションゲーム、レースゲーム、パズルゲームなど、いろんな種類のゲームを作れます。
> - **2D**ゲームも**3D**ゲームも作ることができます。
> - 「物理エンジン」機能が入っているので、ゲーム内の物体をリアルに動かせます。
>
> **2. さまざまな機器向けのゲームが作れる**
> - パソコン、スマートフォン、**Web**ブラウザ用のゲームが作れます。
> - **PlayStation 5**や**Nintendo Switch**などのゲーム機向けのゲームも作れます。
>
> **3. プロも初心者も使える**
> - プロのゲーム会社が使う本格的なツールですが、初心者でも使えるようにさまざまな工夫がされています。
> - 複雑な商用ゲームから、初心者の手作りゲームまで、幅広く対応できます。

このように、Unityはとても便利で強力なゲーム作りのツールなのです。

🐸 2Dゲームの開発に必要なものは？

さて、2Dゲームを作るには、どんなものが必要でしょうか。それは、主に3つの要素が必要です。
❶「**アイデア**」と、❷「**画像**」と、❸「**スクリプト**」です。

Unityの2Dゲームに必要な3つの要素

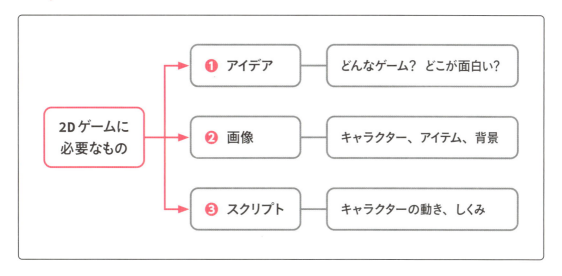

1. アイデア

アイデアは、ゲームのもっとも基本となる重要な要素です。以下のポイントをしっかり考えましょう。

- どんなゲームを作りたいか？
- このゲームのどこが面白いか？
- どうやって遊ぶのか？

2. 画像

ゲームに登場する、目に見える部品（例：キャラクター、アイテム、背景、ボタンなど）は、ほとんど画像です。画像を部品として画面に配置し、ステージを作ります。

画像の準備方法
- 絵が得意な人：CLIP STUDIO PAINTやPhotoshopなどで描いた自分の絵を使えます。PNG形式で書き出しましょう。
- 絵が苦手な人：この本で提供するサンプル画像を利用しましょう。最近なら生成AIを利用して作るという方法もありますね。
- この本の読者の皆さん：まずは、サポートサイト（P.012参照）からサンプル画像をダウンロードして使います。

3．スクリプト

キャラクターの動きや、ゲームのしくみを決めるプログラムのことです。Unityでは「台本」という意味で「スクリプト」と呼びます。

スクリプトの準備方法：
- プログラミングが得意な人：C#言語を使って自作することができます。
- プログラミングが初めての人：この本で提供するスクリプトを利用しましょう。
- この本の読者の皆さん：まずは、サポートサイト（p.012参照）からスクリプトをダウンロードして使いましょう。

これら3つのうちの「**サンプル画像**」と「**サンプルスクリプト**」は、サポートサイトからダウンロードしますから、あと必要なのは「**あなたのアイデア**」だけです。**アイデア**を基にして**画像**を配置し、**スクリプト**でそれらに動きや反応を与えることで、ゲームが完成していくのです。

まずはサンプルを使って本の通りにゲームを作ってみましょう。その後少しずつ自分のアイデアを取り入れて、あなただけのオリジナルゲームに改造して作っていきましょう。**この本のサンプルスクリプトは汎用性を高く**作っているので、組み合わせを考えればいろいろなゲームを作ることができますよ。

COLUMN：まずは作ってみよう

　この本では、「**自分の手でゲームを作れるようになること**」を主眼に置いているぞ。だから、C#言語の詳細な解説は行っていない。C#はちゃんと学習するにはそれだけで1冊の本になってしまうほど奥の深いプログラミング言語だ。プログラムを詳しく勉強したいという人もいるだろうけど、そういう人も、まずは実際にサンプルゲームを作ってみて、**Unityでのゲームの作り方**に慣れていこう。

　Unityでのゲームの作り方に慣れてくると、サンプルのスクリプトがもの足りなく感じるかもしれない。そうなったら、C#言語を勉強して、サンプルプログラムを修正したり、自分で新しいスクリプトを作ってみよう。慣れてから勉強すると、とても理解しやすくなるぞ。

> さっそく
> Unityを
> 自分のパソコンに
> インストール
> してみよう

CHAPTER
1.2
Unityを
インストールしよう

無料版、有料版の違い

それでは、Unityをはじめましょう。基本的に個人開発者は、**Unity Personal（無料版）**を使えます。

Unityには、**Unity Personal（無料版）**や**Unity Pro（有料版）**がありますが、**Unity Personal（無料版）**の利用資格は、「**過去12ヶ月の収益か資金が20万米ドル未満**」であることです。これは、「もし、作ったゲームが大ヒットしてたくさん収益が出たら、有料版のUnity Proを使ってください」という、入門者にやさしい良心的なシステムなのですね。

019

Unity HubとUnityエディタ

Unityエディタは、頻繁にバージョンアップされますが、ゲームによってはバージョンアップする前のUnity環境を残しておきたいという場合があるため、1つのPCで複数の異なるバージョンのUnityエディタを使い分けることができるようになっています。そのためのツールが**Unity Hub**です。

ですので、Unityで制作を行うときはまず、**Unity Hubを起動**します。そこから使いたいバージョンの**Unityエディタを選んで**実行していきますが、通常は最初のエディタをインストールしただけで使うことができます。

使用中に新しいバージョンのUnityエディタが出たら、Unity Hubからインストールして古いバージョンと使い分けることもできます。ただし、Unityエディタは容量が大きいので、HDDを圧迫してしまいます。古いバージョンが不要なら、アンインストールすることもできます。

このように、Unityは、**Unity Hub**と**Unityエディタ**とで開発を行います。

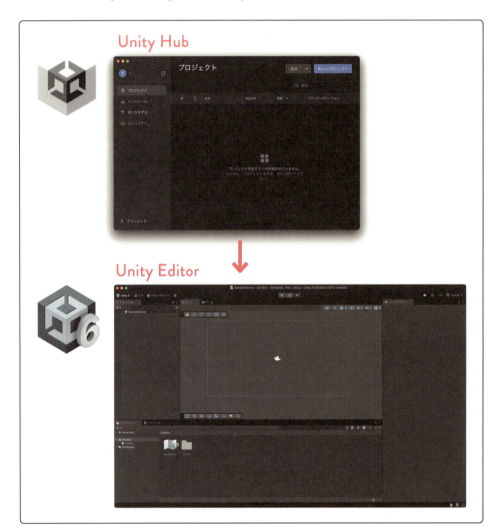

🐸 Unity Hubのインストール

まずは公式サイトにアクセスして、インストーラーをダウンロードするところからはじめましょう。

Windows版をインストールするとき

1️⃣ 公式サイトの「ダウンロード」のページ（https://unity.com/ja/download）にアクセスし、［→ダウンロード］ボタンをクリックします。

2️⃣ ダウンロードが完了したら、「UnityHubSetup.exe」の［ファイルを開く］をクリックします。

3️⃣ インストーラーの ❶［同意する］ボタンをクリックします。

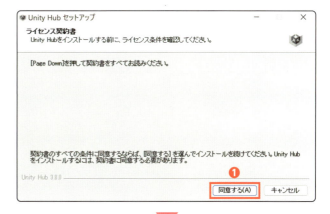

❷ ［インストール］ボタンをクリックしてインストールします。

❸ ［完了］ボタンをクリックして、Unity Hubを起動しましょう。

Mac版をインストールするとき

❶ 公式サイトの「ダウンロード」のページ（https://unity.com/ja/download）にアクセスし、［→ダウンロード］ボタンをクリックします。

2 ダウンロードされた「Unity HubSetup.dmg」をダブルクリックし、[UnityHubSetup.dmg] ダイアログの「Agree」ボタンをクリックします。

3 表示される指示にしたがって、[Unity Hub.app]を[Applications]フォルダにドラッグ＆ドロップしましょう。これで[Unity Hub]のインストールが完了です。
[Unity Hub.app]をダブルクリックして、**Unity Hubを起動**しましょう。

🟢 Unity Hubへサインイン

1 Unity Hubを起動すると、初回はサインインの画面が表示されます。Unityを使うためには、**アカウントの作成**が必要ですので**[サインイン]**ボタンをクリックします。

1　Unityって何？

023

2 ［**サインイン**］ ボタンをクリックすると、ブラウザのサインインページが表示されます。すでに、Unity ID を持っていたら、ここで「メールアドレス」「パスワード」を入力して、［**サインイン**］ ボタンをクリックして進みます（サインイン後は P.025 のエディタのインストールに進む）。

Unity ID を持っていなければ、アカウントの作成を行います。［**ID を作成**］ をクリックしてください。

3 「Unity ID を作成」のページが表示されますので、「**メールアドレス**」「**パスワード**」「**ユーザーネーム**」「**フルネーム**」を入力し、「Unity の利用規約を読み、その条件に従うことに同意します（必須）」「Unity のプライバシーポリシーについて理解しました（必須）」のチェックボックスをオンにして、［**Unity ID を作成**］ ボタンをクリックしましょう。

4 登録したメールアドレスに、確認メールが届くので、そのメールの「Link to confirm email」をクリックします。確認用のページが開きますので、[私はロボットではありません] のチェックボックスをオンにして、[検証] ボタンをクリックすると、アカウントの作成は完了です。

Unityエディタのインストール

1 Unity Hubを開き、サインインをクリックすると、ログインしたブラウザを経由して、Unity Hubが開きます。「Unityをインストールしますか？」というダイアログが表示されたら、ここでは一旦「Skip installation」を押してスキップしましょう。

※もし、英語の画面が表示されて、日本語表示に切り換えたいときは、歯車アイコンの［Preferences］ボタンをクリックし、［Appearance］の［Language］で［日本語］を選択します。すると、**Unity Hubが日本語表示**に切り換わります。

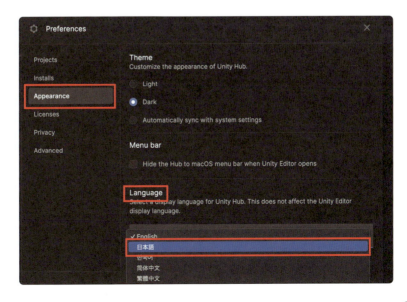

2 Unityエディタをインストールしましょう。**[エディターをインストール]** ボタンをクリックし、[推奨バージョン] と表示されているバージョンの **[インストール]** ボタンをクリックしましょう。

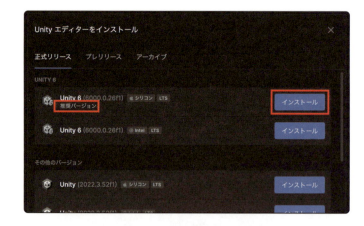

3 すると、インストールを確認するダイアログが表示されますので、[モジュールを加える] の中の [言語パック] の **[日本語]** のチェックをオンにしてから、**[インストール]** ボタンをクリックすると、Unityエディタのメニューが日本語で表示されるようになります。

エディタのメニューが日本語化された状態

Unityエディタの日本語化

もし、**[日本語]** のチェックをオンにしてインストールしても日本語に切り換わらない場合、以下の手順で手動で切り換えてください。

1 Unityエディタを起動します。
2 メニュー「Unity → Settings」を選択し、「Preferences」ウィンドウを開きます。
3 「Language」タブを選択し、「Editor Language」で「日本語」を選択すると、メニューが日本語に変更されます（メニューに英語と日本語が混ざっている場合は、Unityエディタを一度終了し、再起動してください）。

2
Unityを触ってみよう

インストールしたUnityの基本の使い方を解説します。Unityを使ったゲーム作りの第一歩はまず「新しいプロジェクト」作成から。Unityでゲームを作るために必要となるきほんの考え方も説明していきますよ。

> Unityを使った
> ゲーム作りの
> 第一歩。
> プロジェクトを
> 作りましょう

CHAPTER 2.1
プロジェクトを作って スタート

新しいプロジェクトを作る

Unityの準備ができたら、**操作方法とゲーム作りの基本的な流れ**を実際に体験していきましょう。

Unityを使ったゲーム作りでは、最初に「**新しいプロジェクト**」を作るところからはじめます。
プロジェクトとは、「**ゲームを作るすべての材料を入れるフォルダ**」のことです。ここに画像や、スクリプトなどの材料を入れて、この材料を使ってゲームを組み立てていきます。
以下の手順で、「**新しいプロジェクト**」を作りましょう。

1 **Unity Hub**を起動し、右上の**［新しいプロジェクト］**ボタンをクリックします。すると、［新しいプロジェクト］ウィンドウが開きます。

2 ウィンドウの左にある［コア］をクリックし、**【2D（Built-In Render Pipeline）コア】**を選択します
（［テンプレートをダウンロード］ボタンが表示されるときは、クリックしてダウンロードしてください。）。

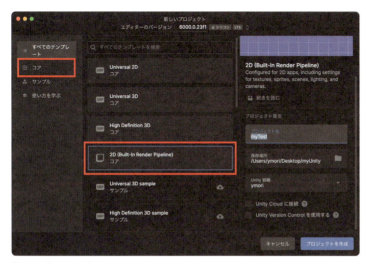

［新しいプロジェクト］ウィンドウ

［テンプレートをダウンロード］が表示されることがある。そのときはクリックしてダウンロードしましょう。

COLUMN：コアの違い

[新しいプロジェクト]で表示される［2Dコア］などの**コア**とは、ゲームのグラフィックスの基本設定のことだ。いくつか種類がある。

[2D (Built-In Render Pipeline) **コア**]は、昔からあるシンプルで軽量な基本設定だ。低スペックなパソコンでも動かしやすいのが特徴だ。

[Universal 2D **コア**]は、新しいグラフィックスのしくみを使った設定だ。リアルな光や影などを表現できるので、よりきれいなグラフィックス表現ができるぞ。例えば、Global Light 2D（環境光）を暗くして、Light 2Dで部分的に明るくすると、以下のような表現も簡単にできる。ゲーム作りに慣れてきたら挑戦してみるといいぞ。

3 [プロジェクト設定] で、**[プロジェクト名]** を入力します。プロジェクト名はこの**ゲームの名前**です。ここでは、「**myTest**」と入力しましょう（❶）。

4 このプロジェクトの**[保存場所]** を指定します。自分のパソコンの中のどこに保存するかを指定してください（❷）。

5 **[Unity Cloudに接続] のチェックボックスをオフ**にします（❸）。Unity Cloudは、開発のバージョン管理をしたり、チームで共同制作を行うときに必要になる機能です。個人でこれからゲームの作り方を学習したい場合には、チェックを外しても問題ありません。

6 準備ができたら、**[プロジェクトを作成]** ボタンをクリックしましょう（❹）。プロジェクトが作成されます。このとき、Unityゲームの基本ファイルをたくさん生成しますので、しばらく時間がかかります。

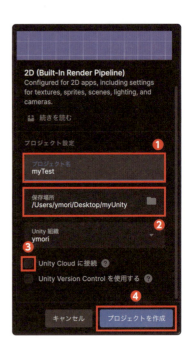

ウィンドウの役割

プロジェクトが生成できると、**Unityエディタ**が表示されます。Unityの画面は、**複数のウィンドウ**の組み合わせでできています。それぞれのウィンドウの役割を見てみましょう。

Unityの画面

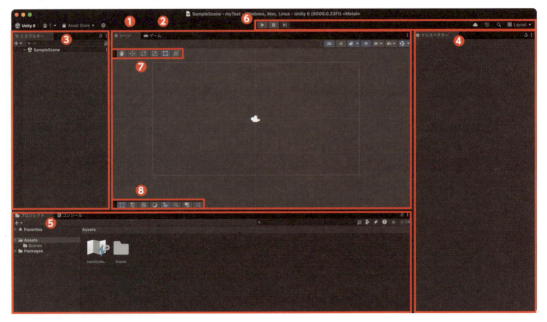

❶ ［シーンビュー］：**ゲームの画面を作るところ**です。ここにゲームオブジェクトを配置していきます。白い枠の中がゲーム画面に表示されるエリアです。

❷ ［ゲームビュー］：**ゲームプレイ時の確認をする画面**です。シーンビューとゲームビューは重なっているので、タブを選択して切り換えます。

❸ ［ヒエラルキーウィンドウ］：**シーンに登場しているもののリスト**です。登場するゲームオブジェクトは、名前で探すことができるので、重なって見えなくても、このリストから選択することができます。

❹ ［インスペクターウィンドウ］：**選択したものの詳細情報**です。選択したものによって表示が変わります。

❺ ［プロジェクトウィンドウ］：**ゲームに必要なものを入れておく倉庫**です。画像、スクリプト、アニメーション、シーンなど、すべてのものが入っています。

❻ ［ツールバー］：**ゲームの実行＆停止**を行います。

❼ ［ツールパレット］：**シーンビューの操作方法の選択**を行います。

❽ ［オーバーレイメニュー］：**シーンビューに表示する各機能の表示・非表示**を切り換えます。

画面サイズの設定

さて、ゲーム画面を作りはじめる前に、**画面サイズの設定**をしておきましょう。Unityの画面の**デフォルトは「Free Aspect（自由な比率）」**になっています。これは比率が決まっておらず、開発環境によって画面サイズが自由に変化するという設定です。ただ、ゲーム画面のサイズが自由に変わってしまうと、見せたいものが見えなかったり、見せたくないものが見えてしまったりして困ってしまいます。そこで、固定サイズに設定しておきましょう。

7 ［**ゲーム**］**タブ**をクリックして（❶）、［**Free Aspect**］をクリックし（❷）、［**16:9 Aspect**］を選択しましょう（❸）。一般的なテレビと同じ比率の16:9にしておけば、見やすいゲームが作れます。

8 最後に［**シーン**］**タブ**をクリックして（❹）、画面を作成できるように戻しておきます。

COLUMN：ウィンドウのレイアウト

Unityのウィンドウは、いろいろなレイアウトに変更することができるんだ。起動直後のウィンドウのレイアウトは、**Default**だが、メニュー［Window］→［Layouts］、またはウィンドウ右の［Default］をクリックして、異なるレイアウトに切り換えることができる。慣れてきたら、使いやすいレイアウトを選んでみよう。

メニュー

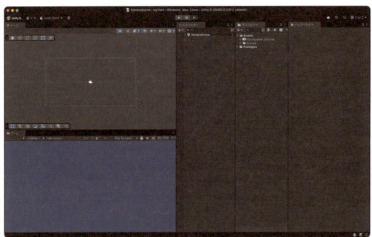

2x3のレイアウト

幅広のレイアウト

CHAPTER 2.2
Unityゲームの考え方

シーンにゲームの部品を並べる

プロジェクトの準備ができたので、いよいよゲームを作りましょう。

Unityの2Dゲーム作りで重要なものは、「**アイデア**」と、「**画像**」と、「**スクリプト**」でしたね。さらに、効果音やBGMなどの「**音声ファイル**」、途中に再生する「**ムービーファイル**」などを効果的に使うこともできます。

これらの材料を組み合わせてゲームを作っていきます。**基本的な作り方**は以下の手順で進めて、理想的なゲームに近づけていきます。

❶ シーンに画像を部品として並べる

❷ その部品にスクリプト（機能）をつける

❸ 動かしてテストする

❹ おかしなところを調整する

ゲームは❶〜❹の順に進めて作っていきます。

 まず、「❶**シーンに画像を部品として並べる**」ところからはじめます。ゲーム内に登場する「**ゲームの部品**」のことをUnityでは、「**ゲームオブジェクト**」または、「**オブジェクト**」と呼んでいます。

オブジェクトには、いろいろなものがあります。「**主人公キャラ、敵キャラ、床、壁、障害物、アイテム、スタートボタン**」など、ゲームとして重要な機能を持っているものや、「**タイトルの文字、背景、ゲームオーバーの文字、エフェクト**」など、表示をわかりやすくするものもあります。また、「**カメラ、スコアの計算処理、タイマー**」といった、ゲーム画面には表示されない、裏方の機能を行うものまでいろいろあります。

「ゲームオブジェクト」とは、ゲーム内に登場するすべてのものを指します。

この2Dのゲームオブジェクトは基本的に画像でできています。シーンに**画像のオブジェクトをたくさん並べて**、ゲーム画面を作っていくのです。シーンには方眼紙のような線が引いてありますが、横方向がx軸、縦方向がy軸で、中央が原点（0,0）になっています。白い四角い枠が**ゲームのカメラが写す範囲**でこの範囲内がゲーム画面として表示されます。

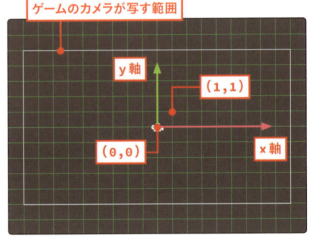

シーンの座標

COLUMN：シーンのマス目

画面比率を［16:9 Aspect］に設定しているとき、シーンのマス目は、横が-8.88〜8.88、縦が-5〜5のマス目で表示される。これが16:9ということだ。
このマス目の数はカメラのサイズ設定によって変化する。Main Cameraを選択して［インスペクターウィンドウ］の［Camera］の［サイズ（Size）］を見てみると「5」になっている。これは縦のマス目が**プラスマイナス5**になっているということを表しているんだ。この［Size］の値を小さくすると表示範囲が狭くなり、大きくすると表示範囲が広くなるぞ。

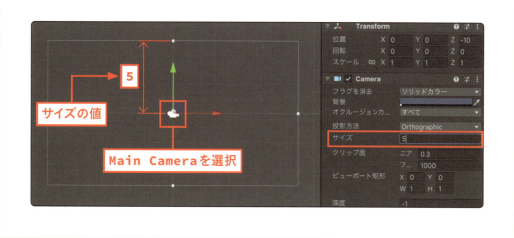

部品に機能をつける（アタッチする）

画像のオブジェクトをシーンにただ並べるだけではゲームにはなりません。オブジェクトには「**動かすための機能**」が必要です。それが「❷**その部品にスクリプト（機能）をつける**」です。スクリプトは「**コンポーネント**」とも呼ばれます。

例えば、オブジェクトに「**ずっと、水平に移動する**」というコンポーネントをつけると、**ずっと水平に移動する**ようになります。「**タッチしたら、消える**」というコンポーネントをつけると、**タッチすると消える**ようになります。このように「**ゲームオブジェクトにコンポーネントを追加すること**」を「**アタッチする**」と呼んでいます。

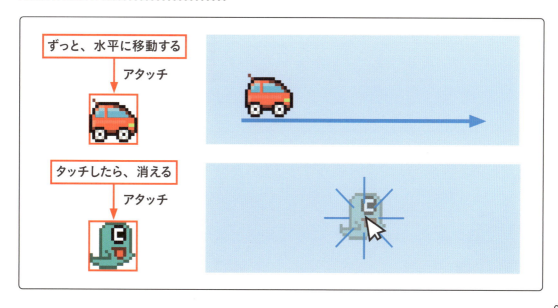

コンポーネントには自分で作るものと、あらかじめUnityで用意されている「**基本的なコンポーネント**」があります。よく使うコンポーネントには以下のようなものがあります。

コンポーネント名	機能
Transform	位置や回転角度や大きさを決める
Sprite Renderer	2D画像を表示する
Rigidbody 2D	2D物理エンジンで物理的に動かす
Box Collider 2D	2D物理エンジンで四角い衝突判定に使う
Circle Collider 2D	2D物理エンジンで丸い衝突判定に使う
Capsule Collider 2D	2D物理エンジンでキャラクターの衝突判定に使う

このうちTransform（位置や回転を決める機能）とSprite Renderer（画像を表示する機能）は、オブジェクトの表示に必ず必要なものなので、画面右のインスペクターウィンドウを見ると、最初からアタッチされた状態になっています。

オリジナルのしくみを作るときは、「**オリジナルのスクリプト**」が必要になります。スクリプトは、C#というプログラミング言語で作るのですが、初心者がいきなりプログラミングを行うのは大変です。そこでこの本では、「**すぐに使えて、いろいろ組み合わせることができるスクリプト**」をいくつも用意していて、これを使って作っていきますよ。

ゲーム上のオブジェクトを選択すると、インスペクターウィンドウに詳細が表示されます。

CHAPTER 2.3
まずは、動かしてみよう

サンプルファイルを使ってさっそくオブジェクトを動かしてみよう

サンプルファイルを読み込もう

まずは、ゲーム作りの準備として、「**画像**」と「**スクリプト**」を用意しましょう。この本では、ゲーム制作をすぐに体験できるように、サンプルファイルを用意しています。以下の手順で、「**画像（Images）**」と「**スクリプト（Scripts）**」をダウンロードして、プロジェクトに読み込んでください。

1. P.012に書いている**サポートサイトのURL**にアクセスし、サンプルファイルをダウンロードします。
2. サンプルファイルは、zip圧縮されているので、解凍しましょう。解凍したフォルダの中に、「Unity6.zip」と「Unity2022.zip」の2つのzipファイルが入っています。Unity 6からスクリプトの書き方が少し変わったため、**Unity 6**を使う場合は、「 Unity6.zip 」を解凍してください。**Unity 6以前**のUnityを使う場合は、「 Unity2022.zip 」を解凍してください。
3. 「Images」という画像フォルダと、「Scripts」というスクリプトフォルダが解凍されます（「Sounds」フォルダについてはChapter 11で説明します）。この2つのフォルダを、Unityの**[プロジェクトウィンドウ]**にドラッグ＆ドロップしましょう。

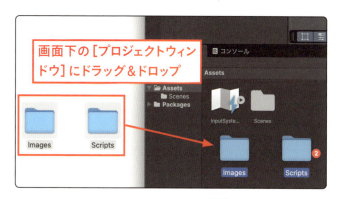

COLUMN：スクリプトは名前に注意！

スクリプトにおいて、名前はとても重要なんだ。適当に作って、**あるプロジェクトの中に、同じ名前のスクリプトを2つ存在させてしまうとエラー**になってしまう。スクリプトは「名前」で判別しているので、同じ名前のスクリプトが複数あると、どれを実行すればいいかわからなくなるからだ。

例えば、一度［プロジェクトウィンドウ］に入れた「Scripts」フォルダを、間違って［プロジェクトウィンドウ］内の別のフォルダにもドラッグ＆ドロップしてしまい、同じスクリプトが複数存在する状態になったとしよう。すると、［Play］ボタンを押しても「**All compiler errors have to be fixed before you can enter playmode!**」というエラーが出て動かなくなる。プロジェクト内に、同じ名前のスクリプトが2セットあると動かなくなるのだ。こういうときは、あわてず間違って入れた「Scripts」フォルダを右クリックして「削除」しよう。重複がなくなれば、エラーもなくなるぞ。

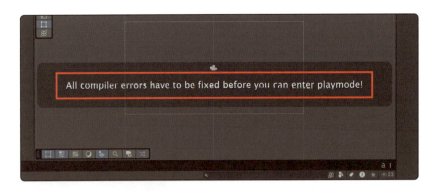

また、スクリプトは日本語が苦手だ。スクリプト名や、フォルダ名に日本語が使われているとエラーになる可能性があるので、**フォルダ名やファイル名は半角英数文字**を使うようにしよう。

画像をシーンに置いてオブジェクトを作る

それではさっそく、読み込んだ画像をシーンに置いて、ゲームオブジェクトを作りましょう。

4 ［プロジェクトウィンドウ］の左側のフォルダー覧から**［Images］フォルダ**をクリックすると、右側に画像一覧が表示されます。

5 この中から、**ballon_0**（風船キャラの画像）を［シーンビュー］にドラッグ＆ドロップします。これで、ゲームオブジェクトができました。

シーンの操作方法

ゲーム画面を作るには、**シーン全体の位置や大きさを調整**する必要があります。まずは、その操作方法を見てみましょう。同じ動作をするのにも、複数の方法があります。

シーン全体を移動させるとき

- ［ツールパレット］の［ハンドツール］を選択して、画面をドラッグ
- マウスの右ボタンを押しながらドラッグ
- ［Alt］キー（Macは［Option］キー）を押したまま、マウスの左ボタンを押しながらドラッグ

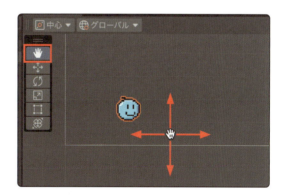

シーンをズームイン＆アウトさせるとき

- マウスホイールを回転
- トラックパッドを2本指で上下にスライド
- ［Alt］キー（Macは［Option］キー）を押したまま、マウス右ボタンを押しながらドラッグ

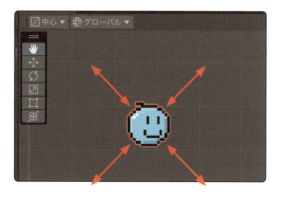

オブジェクトを中央に表示させるとき

- [ヒエラルキーウィンドウ]で、オブジェクト名をダブルクリック
- [シーンビュー]で、オブジェクトを選択して、[F]キー

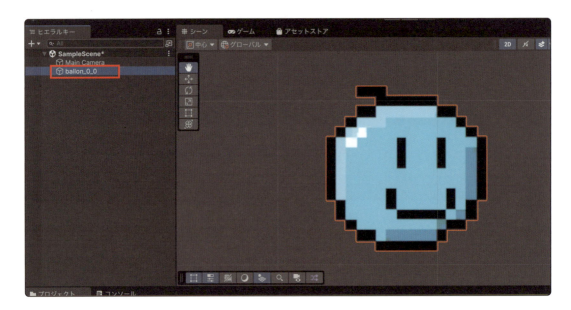

ゲーム画面全体を中央に表示させるとき

- [ヒエラルキーウィンドウ]で、[Main Camera]をダブルクリック
- [ヒエラルキーウィンドウ]で、[Main Camera]を選択して、[F]キー

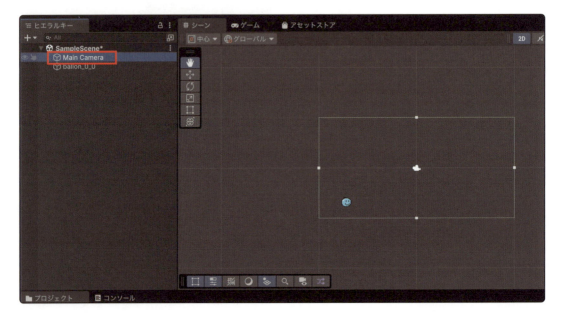

オブジェクトの操作方法

また、**シーンに置いたオブジェクトの位置や大きさを調整**する必要もあります。今度はその操作方法を見てみましょう。それぞれいくつかの方法があります。

オブジェクトを移動させるとき

- ［ツールパレット］の［移動ツール］を選択して、矢印や、矢印の交わったところの四角形をドラッグ

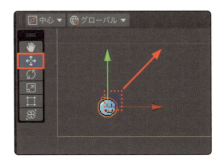

- ［ツールパレット］の［矩形ツール］を選択して、オブジェクトの中央をドラッグ

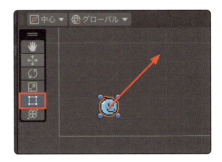

- ［ツールパレット］の［トランスフォームツール］を選択して、矢印をドラッグ

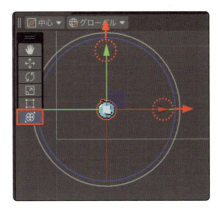

オブジェクトを回転させるとき

- ［ツールパレット］の［回転ツール］を選択して、**白い円**をドラッグ（青い円の内側をドラッグすると画像が3D的に回転してしまうので注意）。

- ［ツールパレット］の［矩形ツール］を選択して、オブジェクトの角の少し外側をドラッグ。

- ［ツールパレット］の［トランスフォームツール］を選択して、**白い円**をドラッグ（青い円の内側をドラッグすると画像が3D的に回転してしまうので注意）。

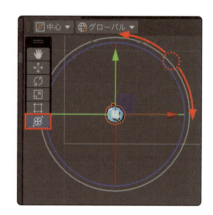

オブジェクトを拡大＆縮小させるとき

- ［ツールパレット］の［スケールツール］を選択して、オブジェクト中央の白い四角アイコンをドラッグ。

- ［ツールパレット］の［矩形ツール］を選択して、オブジェクト周囲の辺や角をドラッグ。（［Shift］キーを押しながらドラッグすると、縦横比率をそのまま拡大縮小）

- ［ツールパレット］の［トランスフォームツール］を選択して、オブジェクト中央の白い四角アイコンをドラッグ。

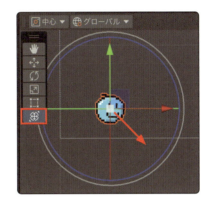

スクリプトをアタッチして動かそう

シーンの操作方法が一通りわかったら、いよいよスクリプトで動かしてみましょう。今回はテストなので、「**ずっと、水平に移動する**」という単純なスクリプトだよ。

6　［プロジェクトウィンドウ］の左側のフォルダ一覧の「**Scripts**」**フォルダ**をクリックすると、フォルダが開きます。「**01_Forever**」**フォルダ**をクリックすると、右側にスクリプト一覧が表示されます。

043

7 このままでは、長い名前が全部見えないので、**右下のスライダー**を一番左にドラッグして、名前がわかるようにしておきましょう。

8 この中から、 Forever Move H を、シーン上の**風船キャラ**の上に、ドラッグ&ドロップします。これで、オブジェクトにスクリプトをアタッチできました。

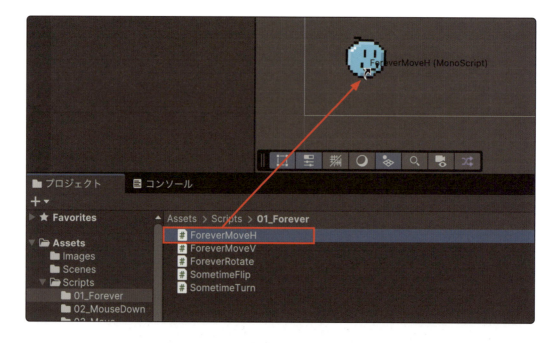

9 では、[Play] ボタンをクリックして動かしてみましょう。オブジェクトが右に移動しはじめました。再び [Play] ボタンを押すと、停止します。

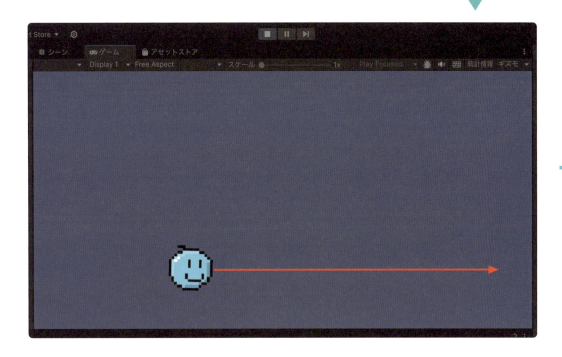

10 最後に、今作ったシーンを保存して終了しましょう。メニュー [ファイル → 保存] で保存します。メニュー [ファイル→終了]（Macの場合は [Unity → 終了]）を選択するとUnityエディタが終了します。

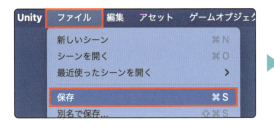
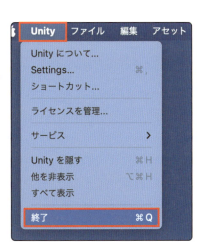

11 次回以降、このプロジェクトを開きたいときは、**Unity Hub**を起動して、**プロジェクトの一覧**から選んでクリックして開きます。

3
スクリプトで動かそう

次はいよいよスクリプトを使って本格的にオブジェクトを動かしていきましょう。スクリプトの考え方やオブジェクトへのアタッチ方法など、基本の部分からていねいに解説していきますよ。

CHAPTER
3.1
スクリプトは
Unityのプログラム

スクリプトを使ってさまざまな動きを追加します

新しいシーンを追加する

このChapter 3では、もう少しいろいろなスクリプトを試してみましょう。そのために**新しいシーン**を作るところからはじめます。「**シーン**」とは、ゲームの「**1つの画面**」や「**1つのステージ**」のことです。

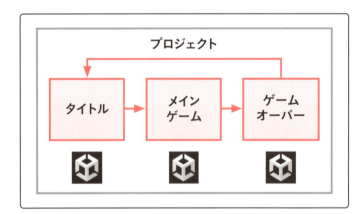

ゲームには、「**タイトル画面**」や「**メイン画面**」や「**ゲームオーバー画面**」など、いろいろな画面がありますが、このそれぞれの画面をUnityでは**シーン**と呼びます。

Unityでは、各シーンを**シーンファイル**として保存します。[プロジェクトウィンドウ]の左側のフォルダー一覧から「**Scenes**」**フォルダ**をクリックしてみましょう。すると、右側にSampleSceneが表示されます。このSampleSceneは、**新しいプロジェクト**を作ったとき、自動的に作られるものです（Chapter 2で作ったシーンは、ここに保存されていたのです）。

048

それでは、**新しいシーン**を作っていきましょう。

1 メニュー［**ファイル → 新しいシーン**］を選択すると、New Sceneダイアログが表示されるので、［**Basic 2D (Built-in)**］を選択し、［**作成**］ボタンをクリックします。すると、**新しい［シーンビュー］**が表示されますので、ここにゲームを作っていきます。

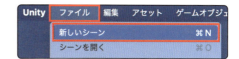

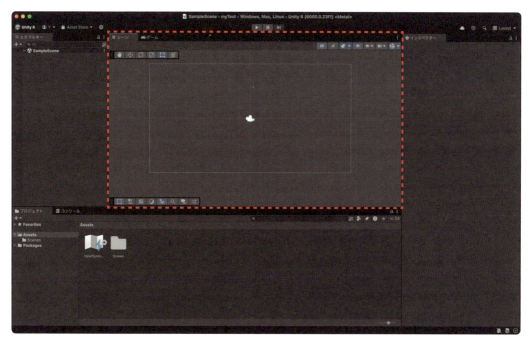

2 新しく作成したこのシーンに名前をつけて保存しておきましょう。メニュー**［ファイル → 保存］**を選択します。はじめて保存するときには、**［シーンを保存］ダイアログ**が出てきます。次回からは保存を選ぶと上書き保存されます。

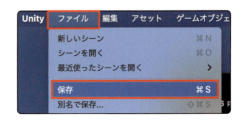

3 シーンの保存場所は、「**そのプロジェクトのAssetsから下**」であれば、どこに保存してもかまいませんが、わかりやすいように**［Scenes］**フォルダを開いてここに保存しましょう。ファイル名に「**chap3**」と入力して、**［Save］**ボタンをクリックします。

4 **[プロジェクトウィンドウ]** の Scenesフォルダの中に、新しいシーンが作られます。これで、新しいシーンの準備は完了です。

スクリプトは「いつ、何をするのか？」で考える

それではいろいろなスクリプトを試していきましょう。スクリプトは、**「いつ、何をするのか？」**という考え方で作られています。

「ずっと、移動させる」、「タッチしたら、消える」、「上下左右キーを押したら、その方向に移動させる」といった、❶**「いつ」**というきっかけと、❷**「何をするのか？」**という実行内容のセットでできているのです。

この**「いつ、何をするのか？」**というスクリプトを組み合わせていくことで、**いろいろなゲームのしかけ**を作ることができるのです。不思議ですね。

ずっと、水平に移動する

まずは、**「ずっと、水平に移動する」スクリプト**から試してみましょう。これは、**Chapter 2-3**で使ったスクリプトですね。

スクリプトの説明

スクリプト名	Forever Move H	
スクリプトの目的	ずっと、このオブジェクトを水平に移動させ続ける	
プロパティ	速度（Speed）	1秒間に進む距離（デフォルト：1）

　このスクリプトをオブジェクトにアタッチすると、ずっと水平方向に移動します。**Speed**を変更すると移動速度を調整できます。正の値で右へ、負の値で左へ移動します。
　このスクリプトは、「**車や飛行機や敵キャラクターなどを動かし続ける**」ときに使えますし、「**背景を左に移動させて、右に進んで行く演出**」などとしても使えます。

作ってみよう

　このスクリプトで、車を移動させてみましょう。

5 ［プロジェクトウィンドウ］の左側のフォルダ一覧から「Images」フォルダをクリックし、car_0（車の画像）を［シーンビュー］にドラッグ＆ドロップします。

6 この車にスクリプト、Forever Move H をアタッチします。まず、シーン上の**車**を選択し、次に、［インスペクターウィンドウ］の**［コンポーネントを追加（Add Component）］**ボタンをクリックしましょう（Chapter 2でスクリプトをアタッチするときは、［プロジェクトウィンドウ］のスクリプトを、ドラッグ＆ドロップしていましたが、これからは**この簡単な方法**でアタッチしていきます）。

7 表示されるメニューから**アタッチするコンポーネントを選択**します。コンポーネントの一覧が表示された中から Forever Move H を探し出すのは大変です。そこで[**検索欄（虫眼鏡アイコン）**]に**先頭の文字**を少し入力してみましょう。「for」と入力すると見つけやすくなりました。表示された中から Forever Move H をクリックしましょう。これで、選択したオブジェクトにアタッチできました。

8 [インスペクターウィンドウ]を見ると、Forever Move H が追加されているのが確認できます。

9 [Play]ボタンをクリックしましょう。車が右に移動しはじめます。再び[Play]ボタンを押すと、停止します。

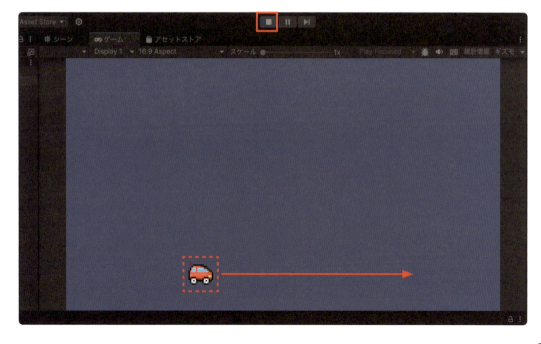

COLUMN：スクリプトをアタッチする方法

ゲームオブジェクトにスクリプトをアタッチする方法は、主に3種類あるぞ。状況や好みに応じて好きな方法を使おう。

1. **プロジェクトフォルダのスクリプトをシーンのオブジェクトへドラッグ&ドロップする**
   - **メリット**：直感的に操作できる。
   - **デメリット**：ドラッグ&ドロップ中に誤って別のオブジェクトにアタッチしてしまう可能性がある。

2. **オブジェクトを選択し、インスペクターウィンドウの［コンポーネントを追加］ボタンで追加する**
   - **メリット**：検索機能を使って目的のスクリプトを見つけやすい。
   - **デメリット**：名前を知らないと検索できない。

3. **オブジェクトを選択し、メニュー［コンポーネント→Scripts］から選択して追加する**
   - **メリット**：メニューから選ぶだけで簡単にアタッチできる。
   - **デメリット**：スクリプトの数が多いと、メニューが長くなり、選びにくい。

🔟 もう少し車の動きをスピードアップしてみましょう。シーン上の**車**を選択して、［インスペクターウィンドウ］の［**速度**］プロパティを「**5**」に変更して、［**Play**］ボタンで実行します。先ほどよりも速いスピードで移動するようになります。

以下は、**スクリプトを詳しく知りたい人向けの「スクリプトの解説」**です。今はとにかく「Unityでゲームを作って動かしてみたい」という人は、この部分は読み飛ばしてもかまいません。まずは、「**自分の手でゲームを作る**」という重要な体験をしましょう！
そしてもっと深く理解したくなったとき、この解説を読んで考えてみてくださいね。

スクリプトの解説

Unityのスクリプトは、**C#言語**というプログラミング言語でできているので、本格的に理解したければC#言語を学習する必要がある。でも実はゲームのプログラムは、**目的がはっきりしている**ので、意味がわかりやすいという側面もある。そこでこの本では、C#言語を知らない人でも、**「このプログラムが、何をしているのか？」**が、なんとなくわかるように、やさしく解説していくぞ。

以下が、Forever Move H のスクリプトだ。

入力プログラム（ForeverMoveH.cs）

```csharp
using System.Collections;
using System.Collections.Generic;
using UnityEngine;

//  ずっと、移動する(水平)
public class ForeverMoveH : MonoBehaviour
{
    //----------------------------------------
    public float speed = 1; //[速度]
    //----------------------------------------
    void FixedUpdate()
    {
        transform.Translate(speed * Time.deltaTime, 0, 0); // 水平に移動
    }
}
```

いろいろ書かれているが、このスクリプトで重要な部分を見てみよう。
まずここで、**移動速度**を「**1**」に設定している。

```
9    public float speed = 1; //[速度]
```

移動速度のようなパラメータは、ゲーム制作時にいろいろ変更して調整できることが重要だ。そこでUnityでは、調整したい値は、変数の先頭に `public` をつけて、`public` の変数で用意するんだ。すると、インスペクターウィンドウに表示されて、そこで細かく調整できるようになる。以下のように表示されるので、制作中に値を変更できるんだ。

`public <変数の型名> <変数名> = <値>;`

次の部分で、オブジェクトが水平に移動する処理を行っている。「ずっと〇〇させる」の「ずっと」を実行させるためには `FixedUpdate()` を使う。`FixedUpdate()` は中に書かれた命令を、ゲーム内で1秒間に50回程度くり返し実行する関数だ。このくり返しの中で、ゲームオブジェクトを移動させる `transform.Translate(X, Y, Z)` という命令で、オブジェクトの位置を変更しているんだ。

```
11    void FixedUpdate()
12    {
13        transform.Translate(speed * Time.deltaTime, 0, 0); //
      水平に移動
14    }
```

書式：ゲームオブジェクトX、Y、Z方向に移動させる

`transform.Translate(X, Y, Z);`

X軸の位置を、「オブジェクトの `speed` 」と「直前のフレームから現在のフレームまでに経過した時間を調べる `Time.deltaTime` 」を使って変更しているから、水平に移動していく。`speed` に `Time.deltaTime` を掛けることで、1フレーム分ずつ移動するようにしている。これをくり返すことで滑らかに移動させているんだ。

CHAPTER 3.2
「ときどき、曲がる」をさらにアタッチ

スクリプトは1つのオブジェクトにいくつもアタッチできますよ

オブジェクトに、複数のスクリプトをアタッチする

Unityは、**1つのオブジェクトに複数のコンポーネントをアタッチする**ことができます。複数のスクリプトを組み合わせることで複雑なしくみを作ることができるのです。

例えば、オブジェクトに「**ずっと、水平に移動する**」と「**ときどき、曲がる**」スクリプトを追加すると、「**ずっと水平に進みながら、ときどき曲がる**」という動きを作り出すことができます。

それでは、**3.1**で作った**ずっと水平に動き続ける車**に、「**ときどき、曲がる**」スクリプトを追加してみましょう。

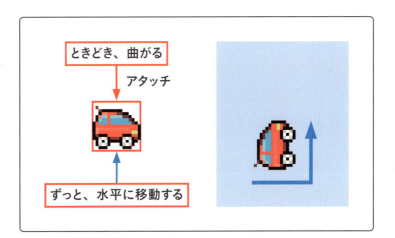

スクリプトの説明

スクリプト名	Sometime Turn	
スクリプトの目的	ときどき、このオブジェクトを回転させる	
プロパティ	角度（Angle）	回転する角度（デフォルト：90）
	Max Count	回転までのカウント数（デフォルト：50）

このスクリプトをアタッチすると、一定間隔で指定した角度だけ回転し続けます。**Angle**プロパティで回転角度を、**Max Count**プロパティで回転の頻度を調整できます。

このスクリプトは、「**敵キャラクターがときどき向きを変える**」や「**ロボットがときどき曲がる**」などの動きを表現するのに使えます。

作ってみよう

11 `car_0`（**車の画像**）を選択し、［インスペクターウィンドウ］の**［コンポーネントを追加］**ボタンをクリック。**［検索欄］**で「som」と入力。表示された`Sometime Turn`をアタッチします。

12 ［インスペクターウィンドウ］を見ると、`Forever Move H`と`Sometime Turn`の2つがアタッチされているのがわかります。

13 ［Play］ボタンをクリックしてみましょう。車が四角形に動くようになりました。再び［Play］ボタンを押すと停止します。

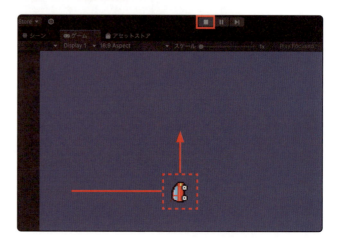

14 ［インスペクターウィンドウ］で［角度］プロパティを「60」にすると六角形に動き、「120」にすると三角形に動き、「180」にすると往復運動をするようになります。

スクリプトの解説

 以下が、「ときどき、曲がる（ Sometime Turn ）」スクリプトだ。

入力プログラム（SometimeTurn.cs）

```
1  using System.Collections;
2  using System.Collections.Generic;
3  using UnityEngine;
4
5  // ときどき、曲がる
6  public class SometimeTurn : MonoBehaviour
7  {
8      //-------------------------------------
9      public float angle = 90;  //[角度]
10     public int maxCount = 50; //[頻度]
11     //-------------------------------------
12     int count = 0; // カウンター用
```

▶次ページに続きます

```
13
14  void Start ()
15  {
16      count = 0;        // カウンターをリセット
17  }
18
19  void FixedUpdate()
20  {
21      count = count + 1; // カウンターに1を足して
22      if (count >= maxCount)   // もし、maxCountになったら
23      {
24          transform.Rotate(0, 0, angle); // 回転して曲がる
25          count = 0; // カウンターをリセット
26      }
27  }
28  }
```

このスクリプトで重要な部分を見てみよう。
まずは、**曲がる角度**と**曲がる頻度**の初期値を設定している。

```
9   public float angle = 90; //[角度]
10  public int maxCount = 50; //[頻度]
```

次に、**カウンター**用の変数を用意して、ゲーム開始（ Start ）時にカウンターを0にリセットする。

```
12  int count = 0; // カウンター用
13
14  void Start ()
15  {
16      count = 0;        // カウンターをリセット
17  }
```

060

そして、このくり返しの中で以下の処理を行い、**ときどき曲がる**処理を行っているんだ。

```
19    void FixedUpdate()
20    {
21        count = count + 1;  // カウンターに1を足して ――❶
22        if (count >= maxCount)   // もし、maxCountになったら ――❷
23        {
24            transform.Rotate(0, 0, angle); // 回転して曲がる ――❸
25            count = 0; // カウンターをリセット ――❹
26        }
27    }
```

❶ 毎回カウンターを1増やす。

❷ もし、カウンターが `maxCount` に達したら、

❸ `transform.Rotate(X, Y, Z)` を使ってオブジェクトを回転させている。回転方向はX、Y、Zの3方向を指定できるが、2Dゲームの画像を回転させるにはZを使うのだ。

`transform.Rotate(0, 0, angle)` は、Z軸周りに `angle` 度だけ回転させる命令となり、これで、2D画面上でオブジェクトを回転させている。

書式：ゲームオブジェクトを回転させる

> `translate.Rotate(X, Y, Z)`

❹ 回転後はカウンターを「0」にリセットして、次の曲がる準備をする。

CHAPTER
3.3
「ときどき、反転する」に差し換える

> 自然な動きになるようスクリプトを変更してみましょう

オブジェクトのスクリプトを削除してから、付け換える

Sometime Turn で、曲がる角度を「180」にすると車が往復するようになりました。ただし、**180度回転している**ので「帰り」は上下が逆さまになってしまいます。「帰り」の上下が逆さまにならないようにしたいですよね。

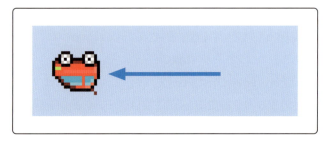

 そこで、Sometime Turn のプログラムを修正した、「**行きはそのまま、帰りは画像の上下を反転させる（ Sometime Flip ）**」スクリプトに差し換えてみましょう。その代わり、すでにアタッチされている Sometime Turn は不要になるので、まずはこのスクリプトの削除から行います。

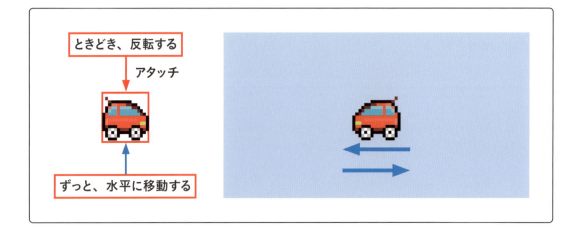

スクリプトの説明

スクリプト名	Sometime Flip	
スクリプトの目的	ときどき、このオブジェクトを反転させる	
プロパティ	Max Count	反転までのカウント数（デフォルト：50）

 このスクリプトをアタッチすると、一定間隔でオブジェクトが180度回転し、さらにオブジェクトの上下が反転します。**Max Count** プロパティで反転の頻度を調整できます。

このスクリプトは、「**敵キャラクターがときどき向きを変える**」や「**魚が泳ぐ方向を変える**」などに使えます。

作ってみよう

15 **car_0**（車の画像）を選択し、［インスペクターウィンドウ］の **Sometime Turn** の右にある［…（縦）］ボタンをクリックし、メニューから［**コンポーネントを削除**］を選択します。これで、**スクリプトを削除**できました。

16 続いて［**コンポーネントを追加**］から、**Sometime Flip** をアタッチします。

17 ［Play］ボタンをクリックすると、車が逆さまにならないで往復するようになりました。このようにして、複数のスクリプトの組み合わせを試行錯誤することができるのです。

スクリプトの解説

 以下が、「**ときどき、反転する（ Sometime Flip ）**」スクリプトだ。

📄 入力プログラム（SometimeFlip.cs）

```
1   using System.Collections;
2   using System.Collections.Generic;
3   using UnityEngine;
4   
5   // ときどき、反転する
6   public class SometimeFlip : MonoBehaviour
7   {
8     //----------------------------------------
9     public int maxCount = 50; //[頻度]
10    //----------------------------------------
11    int count = 0; // カウンター用
12    bool flipFlag = false;
```

```
13
14   void Start ()
15   {
16       count = 0;        // カウンターをリセット
17   }
18
19   void FixedUpdate()
20   {
21       count = count + 1; // カウンターに1を足して
22       if (count >= maxCount)   // もし、maxCountになったら
23       {
24           transform.Rotate(0, 0, 180); // 180度回転して曲がる
25           count = 0; // カウンターをリセット
26           flipFlag = !flipFlag;      // 上下を反転
27           GetComponent<SpriteRenderer>().flipY = flipFlag;
28       }
29   }
30   }
```

このスクリプトで重要な部分を見てみよう。
まずは、反転するまでの時間を数える**カウンター**用の変数と、**上下反転するかどうか**を保存しておく **flipFlag** を **false** にしておく。

```
11   int count = 0; // カウンター用
12   bool flipFlag = false;
```

このくり返しの中で以下の処理を行い、ときどき反転する処理を行っているんだ。

```
19   void FixedUpdate()
20   {
21       count = count + 1; // カウンターに1を足して ——❶
```

▶次ページに続きます

```
22      if (count >= maxCount)  //  もし、maxCountになったら ──❷
23      {
24          transform.Rotate(0, 0, 180); //  180度回転して曲がる ──❸
25          count = 0; //  カウンターをリセット ──❹
26          flipFlag = !flipFlag;     //  上下を反転 ──❺
27          GetComponent<SpriteRenderer>().flipY = flipFlag; ──❻
28      }
29  }
```

❶ 毎回カウンターを1増やす。

❷ もし、カウンターが **maxCount** に達したら、

❸ **transform.Rotate(0, 0, 180)** でオブジェクトを180度回転させる。

❹ カウンターを「0」にリセットする。

❺ 180度回転するたびに、 **flipFlag** を反転させる。「 **!** 」を使うと、 **true** が **false** に、 **false** が **true** に切り換わる。

書式：trueとfalseを入れ換える

```
<変数名> =! <変数名>;
```

❻ **GetComponent<SpriteRenderer>().flipY = flipFlag;** で、 **flipFlag** が **true** のときだけ、スプライト（2D グラフィックオブジェクト）の上下が反転するんだ。

書式：ゲームオブジェクトの絵を上下に反転する

```
GetComponent<SpriteRenderer>().flipY = <反転するかどうか>;
```

4
マウスでタッチしよう

よりゲームらしい動きを追加していきましょう。マウスでタッチしたものを調べるBox Collider 2Dを使って、「タッチしたら消える」「タッチしたら表示する」「タッチしたら回転する」などのしくみを作っていきますよ。

CHAPTER
4.1
コライダーでマウスの タッチを有効化

> マウスで プレイヤーが 操作できる しくみを 作りますよ

 =

Box Collider 2D をアタッチしてマウスのタッチを調べる

Chapter 3までで作成したゲームでは、オブジェクトが勝手に動くだけで、プレイヤーが操作することはできませんでしたね。そこで今回は「**プレイヤーがゲームを操作するしくみ**」を作りたいと思います。その中でも一番簡単な「**マウスでタッチするしくみ**」を作ってみましょう。

Unityでは、**シーンにただ画像を置いただけでは**、タッチしても何も反応しません。オブジェクトに物理的な機能（衝突や重力）を持たせるためには、「**コライダー2D（Collider 2D）**」という「**オブジェクトの衝突枠**」を追加（アタッチ）することで、画像をタッチできるようになります。コライダー2Dをアタッチしたオブジェクトは、マウスでタッチすると `OnMouseDown` 関数が実行されます。この `OnMouseDown` 関数の中に、「**マウスでタッチされたときに行うこと**」を書いて、「**マウスでタッチしたら、○○する**」というスクリプトを作ることができるのです。

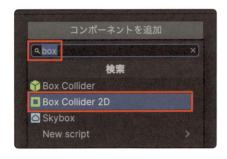

タッチしたら、消える

CHAPTER 4.2
「タッチしたら、消す」

> タッチした物が消える。ゲームらしくなってきました

新しいシーンを追加する

まずは、**新しいシーン**を作るところからはじめましょう。

1. メニュー［**ファイル → 新しいシーン**］を選択し、［**Basic 2D (Built-in)**］を選択し、［**作成**］ボタンをクリックします。

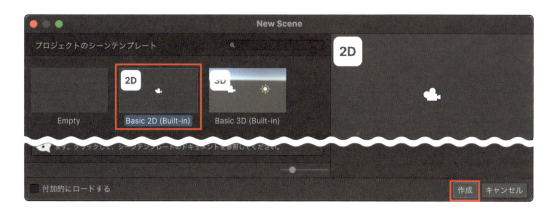

2. このとき、それまで編集していたシーンを保存していないと、右のダイアログが表示されます。［**保存**］ボタンを押してシーンを保存し、新しいシーンを開きます。

3 このシーンに名前をつけて保存しておきましょう。メニュー**[ファイル → 保存]** を選択します。**[Scenes]** フォルダを選択して、ファイル名を「**chap4**」と入力して、**[保存（Save）]** ボタンをクリックしましょう。

タッチしたら、オブジェクトを消す

それでは、「**マウスでタッチしたら、消える**」というスクリプトを使って、「**タッチしたら、消える花**」を作ってみますよ。

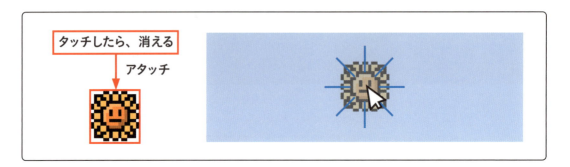

スクリプトの説明

スクリプト名	On Mouse Down Hide
スクリプトの目的	このオブジェクトをタッチすると、非表示にする
プロパティ	なし

070

このスクリプトをオブジェクトにアタッチすると、そのオブジェクトがタッチされたときに非表示になります。

このスクリプトは、「**コインをタッチして集める**」や「**手紙をタッチすると、手紙が消えて中身の鍵が表示される**」、「**てるてる坊主をタッチすると、雲が消えて太陽が現れる**」などに使えますね。

作ってみよう

花のオブジェクトに、「オブジェクトの衝突枠」の **Box Collider 2D** と **On Mouse Down Hide** をアタッチします。これで、「**タッチしたら、消える花**」を作れます。

4 [プロジェクトウィンドウ]の「Images」フォルダの **flower_0**（花の画像）を[シーンビュー]にドラッグ＆ドロップします（オブジェクトになると名前の最後に「_0」がついて、**flower_0_0**になります）。

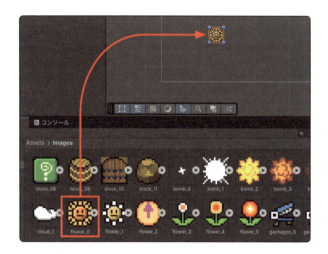

5 [**コンポーネントを追加**]ボタンをクリックして、[検索欄]で「box」と入力し、**Box Collider 2D** をクリックしてアタッチします。

6 さらに[**コンポーネントを追加**]ボタンをクリックして、[検索欄]で「onm」と入力し **On Mouse Down Hide** をクリックしてアタッチします。

7 **[Play]** ボタンで実行しましょう。**マウス**で**タッチすると、消える花**ができました。

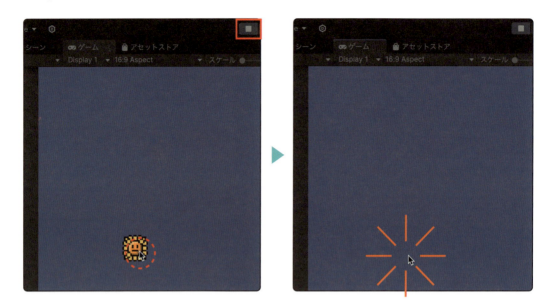

スクリプトの解説

 以下が、「**タッチしたら、消える（ On Mouse Down Hide ）**」スクリプトだ。

入力プログラム（OnMouseDownHide.cs）

```csharp
1  using System.Collections;
2  using System.Collections.Generic;
3  using UnityEngine;
4
5  // タッチすると、消す
6  public class OnMouseDownHide : MonoBehaviour
7  {
8      void OnMouseDown()     // タッチしたら
9      {
10         gameObject.SetActive(false); // 消す
11     }
12 }
```

このスクリプトで重要な部分を見てみよう。
この部分で、タッチしたら消す処理を行っている。
`OnMouseDown()` は、オブジェクトがマウスでクリックされたときに、実行される部分だ。
`gameObject`（このスクリプトがアタッチされているオブジェクト自身）を、`SetActive(false)` で、オブジェクトを非アクティブ（見えない状態）にすることで消しているんだ。

```
 8    void OnMouseDown()    // タッチしたら
 9    {
10        gameObject.SetActive(false);  // 消す
11    }
```

Unityでは、「ゲームオブジェクトがマウスでタッチされたとき」に呼び出される命令は、以下の書式で書くぞ。`OnMouseDown` とは特別な命令で、ここに書かれた命令は、Unity実行時にマウスでタッチされたときに実行されるんだ。

書式：マウスでタッチされたら、何かをする

```
void OnMouseDown() {
    // すること
}
```

CHAPTER
4.3
「タッチしたら、表示する」

オブジェクトの重なり順も意識して設定しよう

タッチしたら、オブジェクトを表示する

次は、「**タッチしたら、表示する（ On Mouse Down Show ）**」スクリプトを使って、「**タッチしたら、大きくなる花**」を作ってみましょう。

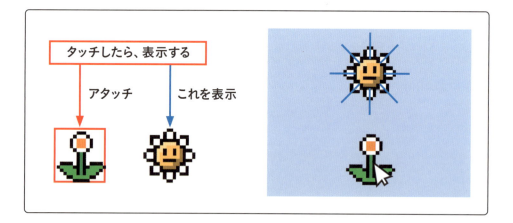

スクリプトの説明

スクリプト名	On Mouse Down Show	
スクリプトの目的	このオブジェクトをタッチすると、別のオブジェクトを表示する	
プロパティ	Show Object	表示するオブジェクト

 このスクリプトをオブジェクトにアタッチすると、まず**ゲーム開始時にはオブジェクトを非表示**にしておき、**タッチされたらオブジェクトを表示**します。
このスクリプトは、「**スイッチをタッチすると、架け橋が表示される**」や「**宝箱をタッチするとアイテムが出現する**」、「**謎のオブジェクトをタッチすると、隠しメッセージが表示される**」などに使えますね。

作ってみよう

まず、小さな花のオブジェクトに **Box Collider 2D** と **On Mouse Down Show** をアタッチします。次に、[Show Object] に「大きな花のオブジェクト」を指定します。これで、「**小さな花をタッチしたら、大きな花を表示する**」というしくみが作れます。

8 [プロジェクトウィンドウ] の「Images」フォルダの **flower_1**（大きな花）と、**flower_3**（小さな花）を [シーンビュー] にドラッグ&ドロップします。この**小さな花**をクリックすると、**大きな花**が表示されるようにしたいと思います（オブジェクト名は、flower_1_0、flower_3_0 になります）。

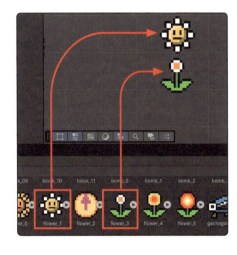

9 シーン上の**小さな花**（flower_3_0）を選択し、[**コンポーネントを追加**] から、**Box Collider 2D** をアタッチします。

10 さらに [**コンポーネントを追加**] から、**On Mouse Down Show** をアタッチします。

11 次に、小さな花（ flower_3_0 ）が選択された状態で、［ヒエラルキーウィンドウ］の flower_1_0 を、
［インスペクターウィンドウ］の On Mouse Down Show の［Show Object］までドラッグ＆ド
ロップします。

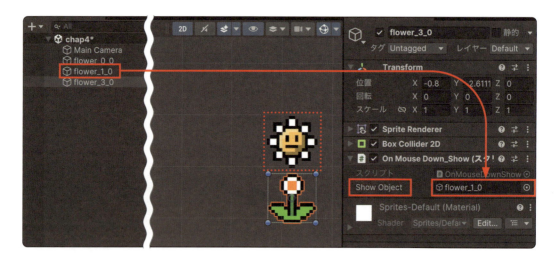

12 ［Play］ボタンで実行しましょう。小さい花をマウスでタッチすると、大きな花が表示されるように
なります。

スクリプトの解説

 以下が、「**タッチしたら、表示する（ On Mouse Down Show ）**」スクリプトだ。

入力プログラム（OnMouseDownShow.cs）

```csharp
using System.Collections;
using System.Collections.Generic;
using UnityEngine;

// タッチすると、表示する
public class OnMouseDown_Show : MonoBehaviour
{
    //---------------------------------------
    public GameObject showObject; //[表示するオブジェクト]
    //---------------------------------------

    void Start()
    {
        showObject.SetActive(false); // 非表示にする
    }

    void OnMouseDown()   // タッチしたら
    {
        showObject.SetActive(true); // 表示する
    }
}
```

このスクリプトで重要な部分を見てみよう。
showObject は、**タッチしたときに表示するオブジェクト**を入れておく変数だ。このスクリプトの中ではオブジェクトを入れていないので、P.076の11のように、必ずゲーム制作時に［インスペクターウィンドウ］で指定しておくんだ。

```
9    public GameObject showObject; //[表示するオブジェクト]
```

表示するオブジェクトは、**あとで表示させる**ために、**最初は非表示**にしておく必要がある。だから、ゲーム開始時に、`SetActive(false)`で、オブジェクトを非表示にしているんだ。

```
12   void Start()
13   {
14       showObject.SetActive(false); // 非表示にする
15   }
```

次の部分で、タッチしたらオブジェクトを表示する処理を行っている。

マウスでタッチされたとき、最初消していた `showObject` を `SetActive(true)` で表示（アクティブ）にすることで、表示させるわけだ。

```
17   void OnMouseDown()    // タッチしたら
18   {
19       showObject.SetActive(true); // 表示する
20   }
```

「ゲームオブジェクトの表示・非表示を切り換える」書式は以下の通りだぞ。

書式：ゲームオブジェクトを消す

```
<ゲームオブジェクト>.SetActive(false);
```

書式：ゲームオブジェクトを表示する

```
<ゲームオブジェクト>.SetActive(true);
```

レイヤーでオブジェクトの重なり順を指定する

小さな花と大きな花を別々の位置に表示していましたが、これを重ねて、1つのオブジェクトに見えるようにしましょう。

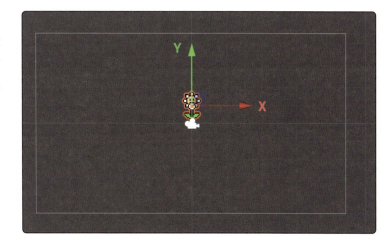

ただし、このとき注意することがあります。Unityの2Dゲームの画面は**3D空間の中に置いた画像を、手前に置いたカメラで映しているような状態**なのです。縦横はChapter2の「Unityゲームの考え方」(P.034) で説明したように、**XY軸で指定しますが、その他に奥行きとしてZ軸が存在します**。

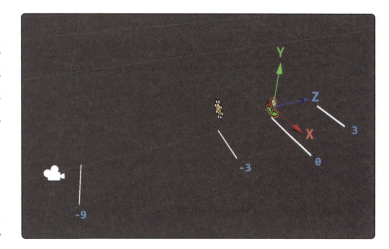

オブジェクトを重ねるときの重なり順（奥行き）は、数値で指定できる（次ページ参照）

通常、プロジェクトウィンドウからドラッグ&ドロップで置いた画像は、「Z=0」の同じ奥行きに置かれるため、複数のオブジェクトが重なっていると、パソコンの状態によってオブジェクトが手前に来たり奥に行ったりと不安定になります。

そのため、**常に奥に表示させたいものは、「Zをプラス」**(Z=3など) にします。

逆に、**常に手前に表示させたいものは、「Zをマイナス」**(Z=-3など) にします。

ただし、**カメラのレンズは**「Z=-9」の少し手前にあるので、これよりマイナスにすると表示されなくなってしまいます。手前に配置するときは、「-1〜-9」の値で設定します。

13 まずは、**大きな花（ flower_1_0 ）**を選択し、[インスペクターウィンドウ] の Transform の [Z] の値を「0」から「-3」に変更しましょう。そして、**大きな花**を**小さな花**の少し上に重なるように移動させると、大きな花が咲いているように見えます。

14 [Play] ボタンで実行しましょう。小さい花をマウスでタッチすると大きな花が表示されました。小さな花が大きな花に変化したように見えますね。

タッチで回転。
タッチを
やめたら
止まるしくみを
作っていきます

CHAPTER
4.4
「タッチしたら、回転」

タッチしている間だけ、回転するオブジェクト

次は、「**タッチしたら、回転する（ On Mouse Down Rotate ）**」スクリプトを使って、「**タッチすると、回転する矢印**」を作ってみましょう。

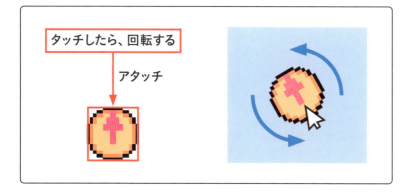

スクリプトの説明

スクリプト名	On Mouse Down Rotate	
スクリプトの目的	このオブジェクトをタッチしている間、回転させる	
プロパティ	角度（Angle）	1秒間の回転角度（デフォルト：360）

 このスクリプトをオブジェクトにアタッチすると、そのオブジェクトがタッチされている間、指定した速度で回転し続けます。
このスクリプトは、「**タッチしている間だけ回転する歯車**」や「**長押しで回転する鍵**」などに使えますね。

作ってみよう

 矢印のオブジェクトに Box Collider 2D と On Mouse Down Rotate をアタッチします。これで、「**タッチしたら、回転する矢印**」が作れます。

15 [プロジェクトウィンドウ]の「Images」フォルダの **flower_2**（丸い矢印の画像）を[シーンビュー]にドラッグ＆ドロップします。

16 シーン上の**丸い矢印**を選択し、[**コンポーネントを追加**]ボタンをクリックして、[検索欄]で「cir」と入力し、 Circle Collider 2D をクリックしてアタッチしましょう（今回は円形なので、Circle Collider 2Dをアタッチします。詳しくはP.097参照）。

17 さらに、[**コンポーネントを追加**]から、 On Mouse Down Rotate をアタッチします。

18 [**Play**]ボタンで実行しましょう。**マウスでタッチすると、回転する矢印**ができました。マウスを離すと、回転が止まります。

―――― スクリプトの解説 ――――

 次に続くのが、「**タッチしたら、回転する（** On Mouse Down Rotate **）**」スクリプトだ。

入力プログラム（OnMouseDownRotate.cs）

```csharp
using System.Collections;
using System.Collections.Generic;
using UnityEngine;

// タッチすると、回転する
public class OnMouseDownRotate : MonoBehaviour
{
    //---------------------------------------
    public float angle = 360; //[角度]
    //---------------------------------------
    float rotateAngle = 0;

    void OnMouseDown()    // タッチしたら
    {
        rotateAngle = angle; // 回転量を指定する
    }

    void OnMouseUp()     // タッチをやめたら
    {
        rotateAngle = 0; // 回転量を0にする
    }

    void FixedUpdate()
    {
        transform.Rotate(0, 0, rotateAngle * Time.deltaTime);
        // 回転する
    }
}
```

このスクリプトで重要な部分を見てみよう。
まず、**現在の回転量**を決める **rotateAngle** 変数を0にして、回転していない状態にしておく。

```csharp
    float rotateAngle = 0;
```

マウスでタッチされたら、`rotateAngle` に、指定した `angle` の値を設定して、回転を開始させる。

```
13    void OnMouseDown()    // タッチしたら
14    {
15        rotateAngle = angle; // 回転量を指定する
16    }
```

タッチが終了したら、`rotateAngle` を0に設定して、回転を止める。
「**マウスでタッチするのをやめたとき**」に実行したいことは、以下の書式で書くんだ。

書式：マウスでタッチをやめたら、何かをする

```
void OnMouseUp() {
    // すること
}
```

```
18    void OnMouseUp()    // タッチをやめたら
19    {
20        rotateAngle = 0; // 回転量を0にする
21    }
```

実際の回転は、この `FixedUpdate` のくり返しの中で行う。
　`transform.Rotate(0, 0, Z)` でZ軸周りに回転させていて、`rotateAngle` に `Time.deltaTime` を掛けて、一定の速度で回転させているんだ。

```
23    void FixedUpdate()
24    {
25        transform.Rotate(0, 0, rotateAngle * Time.deltaTime);
      // 回転する
26    }
```

CHAPTER 4.5
「タッチしたら、回転してゆっくり止まるルーレット」

ルーレット
みたいに
1回タッチしたら
グルグル回って
止まるしくみだよ

一度タッチしたら、回転してゆっくり止まるオブジェクト

次は少し違う回転を試してみましょう。「**タッチしたら、回転してゆっくり止まる（ On Mouse Down Roulette ）**」スクリプトを使って、「**タッチしたら、回転してゆっくり止まるルーレット**」を作ってみましょう。

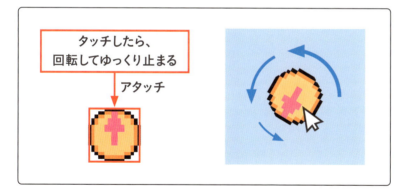

スクリプトの説明

スクリプト名	On Mouse Down Roulette	
スクリプトの目的	このオブジェクトをタッチすると、ルーレットのように回転し、徐々に減速する	
プロパティ	Max Speed	開始時の回転速度（デフォルト：50）

 このスクリプトをオブジェクトにアタッチすると、そのオブジェクトがタッチされたときに高速で回転をはじめ、その後徐々に減速していきます。
このスクリプトは、「**ルーレットゲーム**」や「**スピンして報酬を決定するボーナスゲーム**」などに使えますね。

作ってみよう

 ルーレットのオブジェクトに Box Collider 2D と On Mouse Down Roulette をアタッチします。これで、「**タッチしたら、回転してゆっくり止まるルーレット**」が作れます。

19 ［プロジェクトウィンドウ］の「Images」フォルダの flower_2（丸い矢印の画像）を、もう1つ［シーンビュー］にドラッグ＆ドロップします。

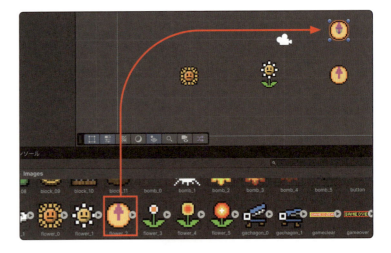

20 シーン上の**丸い矢印**を選択し、［**コンポーネントを追加**］から、Circle Collider 2D をアタッチします。

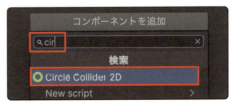

21 さらに［**コンポーネントを追加**］から、On Mouse Down Roulette をアタッチします。

22 ［Play］ボタンで実行しましょう。**マウスでタッチすると、回転をはじめ、だんだんゆっくり止まるルーレット**ができました。

086

スクリプトの解説

 以下が、「タッチしたら、回転してゆっくり止まる（ On Mouse Down Roulette ）」スクリプトだ。

入力プログラム（OnMouseDownRoulette.cs）

```csharp
using System.Collections;
using System.Collections.Generic;
using UnityEngine;

// タッチすると、ルーレットのように回転する
public class OnMouseDownRoulette : MonoBehaviour
{
    //--------------------------------------
    public float maxSpeed = 50; //[最大速度]
    //--------------------------------------
    float rotateAngle = 0;

    void OnMouseDown()   // タッチしたら
    {
        rotateAngle = maxSpeed; // 最大スピードを出す
    }

    void FixedUpdate()
    {
        rotateAngle = rotateAngle * (float)0.98; // 少しずつ減らして
        transform.Rotate(0,0,rotateAngle); // 回転する
    }
}
```

 このスクリプトで重要な部分を見てみよう。
まず、**現在の回転量**を決める **rotateAngle** 変数を0にして、回転していない状態にしておく。

```csharp
11    float rotateAngle = 0;
```

087

オブジェクトがタッチされたら、`rotateAngle`に`maxSpeed`の値を設定して、最大速度で回転を開始させる。

```
13    void OnMouseDown()    // タッチしたら
14    {
15        rotateAngle = maxSpeed;  // 最大スピードを出す
16    }
```

あとはこの部分で、ゆっくり回転を止める処理を行っている。
`rotateAngle = rotateAngle * (float)0.98;` で、毎フレームごとに回転速度を2%減少させて、徐々に減速させていく。これにより、「**タッチすると回転して、徐々に遅くなる**」を実現しているんだ。

```
18    void FixedUpdate()
19    {  // ずっと行う
20        rotateAngle = rotateAngle * (float)0.98;  // 回転量を少しずつ減らして
21        transform.Rotate(0,0,rotateAngle);  // 回転する
22    }
```

088

5
上下左右キーで移動して、衝突

この章では、キー入力と衝突判定について解説していきます。衝突の機能をオブジェクトにアタッチして、上下左右キーでキャラクターを動かせるようになると、「衝突したらゲームオーバー」などのしくみが作れるようになります。

> 上下左右キーで
> 簡単に
> 移動させる
> しくみを
> 作りましょう

CHAPTER
5.1
「上下左右キーで、移動（衝突なし）」

 今回はもっとゲームらしく、**「上下左右キーで、主人公を移動させるしくみ」**を作っていきましょう。

新しいシーンを追加する

まずは、**新しいシーン**を作ります。

1 メニュー**［ファイル → 新しいファイル］**を選択し、**［Basic 2D (Built-in)］**を選択し、**［作成］**ボタンをクリックして、新しいシーンを作ります。

2 メニュー**［ファイル → 保存］**を選択して、**［Scenes］**フォルダを選択し、ファイル名を「**chap5**」と入力して、**［Save］**ボタンをクリックしましょう。

090

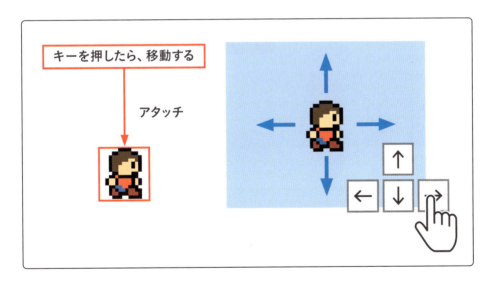

🐸 上下左右キーで動く主人公

キー操作で移動させるしくみは、いろいろな方法で作れますが、まずはシンプルな「**上下左右キーを押したら、オブジェクトを移動する**（ On Key Press Move Sprite ）」スクリプトで動かしてみましょう。

スクリプトの説明

スクリプト名	On Key Press Move Sprite	
スクリプトの目的	上下左右キーを押すと、このオブジェクトを移動し、左右の向きを変更する	
プロパティ	速度（Speed）	移動速度（デフォルト：5）

このスクリプトをアタッチすると、上下左右の矢印キー（またはWASDキー）で、オブジェクトを上下左右に移動させることができます。また、左右のキーを押したときに「左を向いているかどうか」を判定して切り換えるようにしているため、自動で左右の向きも変更されます。

このスクリプトは、オブジェクトの位置を直接移動させているので、「**衝突判定などを使わない、手軽で単純なオブジェクトの移動**」に使えます。

作ってみよう

　主人公のオブジェクトに、**On Key Press Move Sprite** をアタッチするだけで作れます。

3 ［プロジェクトウィンドウ］の「Images」フォルダにある、**player1R_0（右向き男の子の画像）**を［シーンビュー］にドラッグ＆ドロップします（このスクリプトの中では、左に移動するときは左右反転して自動で左を向くようにしているため、右向きの画像を選びます）。

4 ［コンポーネントを追加］から、**On Key Press Move Sprite** をアタッチします。

5 ［Play］ボタンで実行しましょう。上下左右キーを押すと、主人公がその方向に移動します。また、右に移動するときは右向き、左に移動するときは左向きに絵が反転します。

スクリプトの解説

以下が、「上下左右キーを押したら、オブジェクトを移動する（ On Key Press Move Sprite ）」スクリプトだ。

入力プログラム（OnKeyPressMoveSprite.cs）

```csharp
using System.Collections;
using System.Collections.Generic;
using UnityEngine;

// キーを押すと、スプライトが移動する
public class OnKeyPressMoveSprite : MonoBehaviour
{
    //---------------------------------------
    public float speed = 5f; //[速度]
    //---------------------------------------
    float vx;
    float vy;
    bool leftFlag;

    void Update ()
    {
            // 上下左右キーを調べる
            vx = Input.GetAxisRaw("Horizontal") * speed;
            vy = Input.GetAxisRaw("Vertical") * speed;

            if (vx != 0)  // 左右の向きを変えるフラグを設定
            {
                leftFlag = vx < 0;
            }
    }

    void FixedUpdate()
    {
```

▶次ページに続きます

```
29            transform.Translate(vx * Time.deltaTime, vy * Time.
   deltaTime, 0);
30            GetComponent<SpriteRenderer>().flipX = leftFlag; // 向
   きを変える
31       }
32   }
```

 このスクリプトで重要な部分を見てみよう。

以下の部分で、キー入力を調べている。 `Update()` 関数は毎フレーム実行されるので、キー入力をできるだけ頻繁にチェックして、素早い反応ができるんだ。
`Input.GetAxisRaw("Horizontal")` で水平方向（左右キー、ADキー）が押されたかを調べて、 `Input.GetAxisRaw("Vertical")` で垂直方向（上下キー、WSキー）が押されたかを調べる。値は、1、0、-1で返ってくるので、0でなければ押されたことがわかるんだ。その値に `speed` をかけて、実際の移動量（ `vx` と `vy` ）を求めている。
そして、左右の動きがあれば（ `vx != 0` ）、キャラクターが左向きかどうかのフラグ（ `leftFlag` ）を設定する。

```
15   void Update ()
16   {
17       // 上下左右キーを調べる
18       vx = Input.GetAxisRaw("Horizontal") * speed;
19       vy = Input.GetAxisRaw("Vertical") * speed;
         // 省略...
25   }
```

 次のくり返しの中で、キャラクターの移動を行っている。 `Update()` 関数に対して、 `FixedUpdate()` 関数は、一定間隔で実行されるので、安定して動かしやすいんだ。

簡単にいうと、 `Update()` は、ハンドル操作のようなものだね。素早く行われる。それに対して `FixedUpdate()` は、実際にタイヤを回転させて移動させるようなものだ。一定のペースで行われる。そしてタイヤを回転させるくり返しの中で、 `transform.Translate(vx * Time.deltaTime, vy * Time.deltaTime, 0)` で、オブジェクトを移動させている。上下左右キーが押されたことで求まる `vx` 、 `vy` に `deltaTime` を掛けることで、フレームレートに依存せず、一定の速度でスムーズに移動させることができるんだ。

つまりこれらのしくみによって、「**上下左右キーを押すと、その方向にオブジェクトを移動する**」が、スムーズで安定して実現されるようになっているんだ。

```
27    void FixedUpdate()
28    {
29            transform.Translate(vx * Time.deltaTime, vy * Time.
      deltaTime, 0);
30            GetComponent<SpriteRenderer>().flipX = leftFlag; // 向
      きを変える
31    }
```

書式：オブジェクトを指定した量だけ移動させる命令

```
transform.Translate(x, y, z);
```

※方向はx、y、zの3方向に指定できますが、2Dゲームの場合の移動は、基本的にxとyだけを使い、zは0を指定します。

Unityでは、ゲームオブジェクトがそれぞれ**何かのきっかけ（イベント）**でそれぞれの処理を行うことで、全体としてゲームが動いていくんだ。「**イベント**」とは、「ゲームの開始」「オブジェクトの衝突」「マウスのタッチ」など、ゲーム内で発生する様々な出来事のことだよ。

Unityのプログラムは、この「**イベントが発生したときに何かの処理を行う**」という書き方をする。例えば、**Start()** 関数は「ゲームがはじまった最初」に1回だけ実行され、**Update()** 関数は「ゲーム中、ずっと」実行される。プログラムでは、「**どんなとき（イベント）に**」「**何を行うか**」を関数の中に書くことで、ゲームの動きを作っていくんだ。

Start()	最初に1回だけ実行
Update()	ゲーム中ずっと実行
FixedUpdate()	一定時間ごとにずっと実行
OnCollisionEnter2D()	オブジェクトが衝突したときに実行
OnMouseDown()	マウスでタッチしたときに実行
LateUpdate()	いろいろな描画が終わったあとに実行

CHAPTER
5.2
衝突のしくみ

衝突させる
ための
しくみを
作りましょう

🐸 Rigidbody 2DとCollider 2Dで衝突するしくみを作る

キー操作でキャラクターを移動させることは簡単にできましたが、実はこれだけではゲームにはなりません。このままではただ**画像の位置を変更しただけ**なので、キャラクターは壁や障害物に衝突できずに素通りしてしまいます。

ゲームでは、敵と衝突したり、ワナと衝突したりする「衝突」が重要です。そこで、ここでは「**衝突するしくみ**」を作ってみましょう。

Unityでは、この**衝突処理を行う機能**がはじめから備わっています。それが「**物理エンジン**」です。この物理エンジンを使うのはとっても簡単。オブジェクトに、**コライダー2D（Collider 2D）** と **リジッドボディ2D（Rigidbody 2D）** をアタッチするだけです。

 リジッドボディ2D（Rigidbody 2D） とは、「**オブジェクトを物理的に動かす機能**」です。他のオブジェクトと衝突したら衝突を検知したり、衝突相手が壁のようなオブジェクトならそれ以上進めなかったり、押せる相手ならその相手を押しながら進んだりできるようになります。

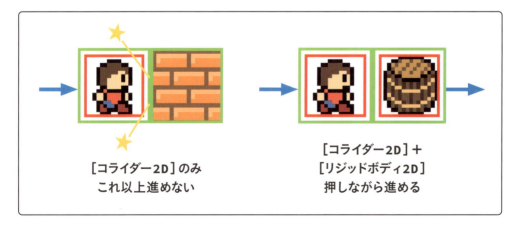

コライダー 2D（Collider 2D）とは、「**オブジェクトの衝突枠（絵のどこが衝突するかの境界線）**」です。**この衝突枠が他の衝突枠と触れたこと**で衝突が起こります。複数の種類があり、オブジェクトの形状や用途によって使い分けます。

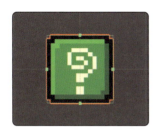

Box Collider 2D：
四角いオブジェクト用。転がらないオブジェクトに使われる。処理が軽い。

Circle Collider 2D：
丸いオブジェクト用。転がるオブジェクトに使われる。処理が軽い。

Capsule Collider 2D：
カプセル状のオブジェクト用。キャラクターの当たり判定によく使われる。処理が軽い。

Polygon Collider 2D：
複雑な形状のオブジェクト用。地形、ボスキャラなどの複雑な形に適しているが、計算が多くなるため処理が重い。登場頻度が低いオブジェクトに使われる。

 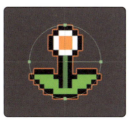  

コライダーがどのような形状をしているのかは、オブジェクトを選択しているときの緑色の線で判別できます。

COLUMN：RigidbodyとRigidbody 2D

コンポーネントを見ると、「Rigidbody」と「Rigidbody 2D」のように、「2D」のついたものとついていないものがある。

Unityはもともと3Dゲームの開発環境として生まれ、そこで衝突判定用の**Rigidbody**や**Box Collider**が生まれた。その後3D空間の中に2Dの板を並べるようにして2Dゲームも作れるようになったんだ。

しかし、2D空間は奥行き（Z軸）がないので、物理法則の扱い方が少し違う。そこで、**2D版のコンポーネント**として、Rigidbody 2DやBox Collider 2Dなどが生まれたのだ。だから、**2Dとついているのが2Dゲーム用、なにもついていないのが3Dゲーム用**のコンポーネントという違いになっているのだ。

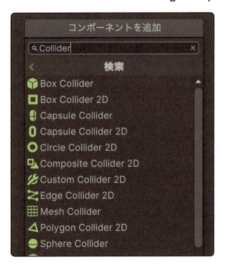

🐸 重力スケールを0にすると、落下しなくなる

`Rigidbody 2D` と `Collider 2D` を、主人公と障害物（岩）につけてみましょう。

6 岩を追加しましょう。`block_11`（岩の画像）を［シーンビュー］にドラッグ＆ドロップし、［コンポーネントを追加］から、`Rigidbody 2D` と `Box Collider 2D` をアタッチします。

7 [Play] ボタンで実行してみましょう。すると、岩が下に落下してしまいました。

落下してしまうのは、岩にRigidbody 2Dをつけて物理的に動くようになったからです。2Dゲームでは基本的に、**上が空、下が地面**で、世界を横から見た状態になっています。そのため、オブジェクトに物理的に動かす機能をつけた岩は上から下に重力で落下するのです。**岩を落下させずに衝突で動かす状態にする**には、**重力スケールを0**にする必要があります。

8 [インスペクターウィンドウ] で、**Rigidbody 2D**の [**重力スケール（Gravity Scale）**] プロパティを「0」に変更します。

9 [Play] ボタンで実行してみましょう。岩は落下しなくなりましたが、主人公を移動させると、岩と重なってしまいます。岩には「衝突枠」をつけましたが、主人公にはつけていないからです。

10 そこで、主人公（男の子）にも「衝突枠」をつけましょう。主人公を選択し、[コンポーネントを追加] で、Rigidbody 2D と Capsule Collider 2D をアタッチします。

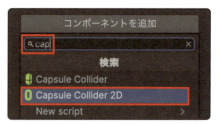

11 重力スケールも 0 にします。[インスペクターウィンドウ] で、Rigidbody 2D の [重力スケール] プロパティを「0」に変更しましょう。

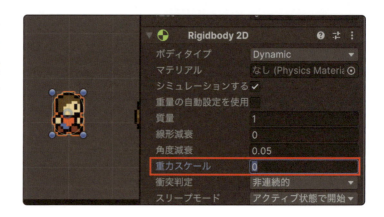

⓬ [Play]ボタンで実行しましょう。すると、主人公が岩を押して進めるようになりました。でも、岩の端っこを押すと一緒に曲がって進んで行きます。まだ、なにかおかしいですね。

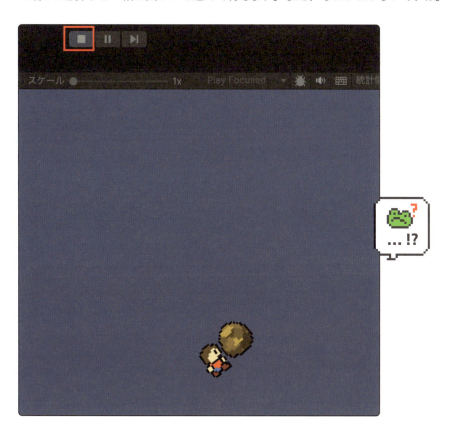

CHAPTER 5.3
「上下左右キーで、移動(衝突あり)」

今度は衝突ありで移動させるしくみを作ります

スクリプトを差し換えて、Rigidbodyで動かす

主人公が岩を押せるようになりましたが、岩の端っこを押すと一緒に曲がってしまいます。なにかおかしいですよね。

これにはいくつか問題があります。まず、先ほどのスクリプトでは `transform.Translate` 関数を使っているのですが、実はこれは物理エンジンの処理を無視して直接位置を変更するための命令です。まるで「**ワープして突然別の場所に現れる**」ような移動方法のため、正しい衝突判定ができないことがあるのです。なので、物理的に正しく動かすために、物理エンジンの **Rigidbody 2Dの linearVelocityという、移動速度を変更する機能**を使って移動させるように修正します。

ただし、linearVelocityを使っても、岩の端っこを押すと曲がるのは変えられません。物理的にはこれが正しい動きだからです。linearVelocity は、オブジェクトの「直線的な移動速度」を表していて、現状を確認したり、値を設定して移動速度を変更することができます。ただし、linearVelocityを使っても、岩の端っこを押すと岩は曲がって動きます。岩の端だけに力が加わると、物理的な回転の動きが発生するためです。特に今は、**重力スケールが0なので「宇宙空間で岩を押しているような状態」**だからその現象がよくわかります。ですが、**2Dゲームとしては**、回転するのはおかしいですよね。そこで、**回転しない設定**を追加します。

そのスクリプトが、「**上下左右キーを押したら、リジッドボディで移動する(On Key Press Move)**」スクリプトです。

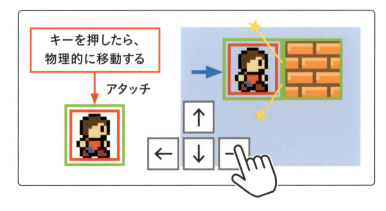

スクリプトの説明

スクリプト名	On Key Press Move	
スクリプトの目的	上下左右キーを押すと、リジッドボディで移動し、左右の向きを変更する	
プロパティ	速度（Speed）	移動速度（デフォルト：5f）

このスクリプトをアタッチすると、上下左右の矢印キー（または WASD キー）でそのオブジェクトを上下左右に移動でき、左右の向きも自動的に変更できます。Rigidbody2Dを使用しているため、物理エンジンを利用した**自然な動きや衝突処理が可能**になるのです。また、オブジェクトが**回転しない設定**もしています。

このスクリプトは、「**他のオブジェクトとの物理的な相互作用（衝突や跳ね返りなど）を行う、トップダウン視点の 2D ゲームキャラクターの移動**」に使えます。

作ってみよう

主人公のオブジェクトに、 On Key Press Move をアタッチしましょう。まずは先ほどの On Key Press Move Sprite がアタッチされているので、これを削除するところからはじめます。

13 シーン上の**主人公**を選択し、［インスペクターウィンドウ］の On Key Press Move Sprite の右にある［ ┊ ］ボタンをクリックし、メニューから「**コンポーネントを削除**」を選択します。

14 続いて、［コンポーネントを追加］から、 On Key Press Move をアタッチします。

15 [Play] ボタンで実行しましょう。これで、主人公が岩に衝突しても回転しないようになりました。ただし、岩が押された方向へ移動し続けてしまいます。おかしな動きに見えますね。ですが、これも物理法則に基づいた正しい動きです。**重力スケールが0なので、宇宙空間のような状態**になっているからなんです。

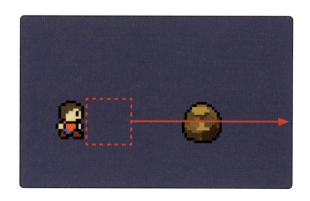

16 衝突した岩がどこまでも動き続けてしまうのは困るので、自然に止まるようにしましょう。岩を選択し、[インスペクターウィンドウ]の Rigidbody 2D の[線形減衰（Linear Drag）]と[角度減衰（Angular Drag）]を「10」に変更します。この設定で摩擦や空気抵抗を受けているような状態になります。[Play]ボタンで実行しましょう。衝突すると衝突してすぐに止まるようになります。

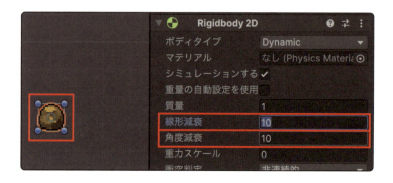

スクリプトの解説

以下が、「上下左右キーを押したら、リジッドボディで移動する（ On Key Press Move ）」スクリプトだ。

📄 入力プログラム（OnKeyPressMove.cs）

```
1  using System.Collections;
2  using System.Collections.Generic;
3  using UnityEngine;
4
5  // キーを押すと、移動する
6  public class OnKeyPressMove : MonoBehaviour
7  {
8      //---------------------------------------
```

```csharp
 9    public float speed = 5f; //[速度]
10    //------------------------------------
11    float vx;
12    float vy;
13    Rigidbody2D rbody;
14    bool leftFlag;
15
16        void Start ()
17        {
18            rbody = GetComponent<Rigidbody2D>();
19            rbody.gravityScale = 0;   // 重力を0にして、衝突時に回転させない
20            rbody.constraints = RigidbodyConstraints2D.
      FreezeRotation;
21        }
22
23        void Update ()
24        {
25            // 上下左右キーを調べる
26            vx = Input.GetAxisRaw("Horizontal") * speed;
27            vy = Input.GetAxisRaw("Vertical") * speed;
28
29            if (vx != 0) // 左右の向きを変えるフラグを設定
30            {
31                leftFlag = vx < 0;
32            }
33        }
34
35    void FixedUpdate()
36        {
37        rbody.linearVelocity = new Vector2(vx, vy); // 移動する
38            GetComponent<SpriteRenderer>().flipX = leftFlag; // 向
      きを変える
39    }
40    }
```

このスクリプトで重要な部分を見てみよう。

まず、ゲーム開始時の処理（ `Start` ）を設定する。ここで、`gravityScale = 0` で重力を0にして、`FreezeRotation` で衝突時に回転しないように設定するんだ。ゲーム開始時にスクリプトから指定しておくことで、いちいち［インスペクターウィンドウ］で手動で設定する必要がなくなる。

```
16      void Start ()
17      {
18          rbody = GetComponent<Rigidbody2D>();
19          rbody.gravityScale = 0;   // 重力を0にして、衝突時に回転させない
20          rbody.constraints = RigidbodyConstraints2D.
    FreezeRotation;
21      }
```

左右キーが押されたかをチェックする `Input.GetAxisRaw("Horizontal")` と上下キーが押されたかをチェックする `Input.GetAxisRaw("Vertical")` でキー入力を調べる。水平方向の入力と、垂直方向の入力に `speed` をかけて、実際の移動量（ `vx` と `vy` ）を求めているんだ。

```
23      void Update ()
24      {
25          // 上下左右キーを調べる
26          vx = Input.GetAxisRaw("Horizontal") * speed;
27          vy = Input.GetAxisRaw("Vertical") * speed;
            // 省略...
33      }
```

 物理的な移動を行うのが、この部分だ。

キー操作で求めた移動量（ `vx` と `vy` ）を、Rigidbody2D の `linearVelocity` （Unity 6以前は、`velocity`）に設定してオブジェクトの移動速度を決め、物理的に移動させるんだ。

```
35      void FixedUpdate()
36      {
37          rbody.linearVelocity = new Vector2(vx, vy); // 移動する
```

```
38          GetComponent<SpriteRenderer>().flipX = leftFlag; // 向
      きを変える
39      }
```

ステージに壁を作ろう

このステージでは、画面の外にまで主人公たちが移動できてしまいます。そこで、ステージの四方に**壁**を作りましょう。

17 [プロジェクトウィンドウ] の `block_00` **(レンガの画像)** を [シーンビュー] にドラッグ&ドロップします。矩形ツールで横に引き伸ばして大きい壁にしましょう。ただし、そのまま引き伸ばすと、画像も引き伸ばされてしまいます。

18 そのため、引き伸ばす前に、[インスペクターウィンドウ] の `Sprite Renderer` の **[描画モード]** を「**タイル**」に変更します。このモードにすると**画像がタイル状にくり返される**モードになります。

先ほどと同じように引き伸ばしてみましょう。レンガ模様がタイル状に並び、自然な見た目の壁になりました。

19 この壁にCollider 2Dだけをアタッチすると、**押しても動かない壁**になります。[コンポーネントを追加]から、Box Collider 2D をアタッチします。ただし、ここで注意点があります。画像はタイル状に引き伸ばしているため、大きく見えますが、アタッチされたBox Collider 2Dは元の画像の大きさのまま（中央にある緑色の正方形）になっているのです。

20 そこで、[インスペクターウィンドウ]の Box Collider 2D の[自動タイリング]のチェックをオンにします。すると、Box Collider 2D が壁と同じ大きさに自動調整されました。

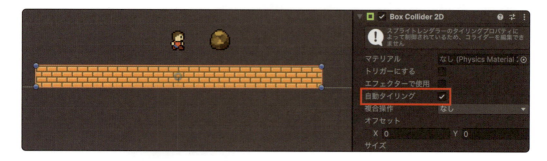

21 この壁を複製して、ステージの四方に壁を設置しましょう。**壁**を選択し、メニュー**［編集 → 複製］**を選択すると、選択した壁が**同じ位置**に**複製**されます。複製された壁を移動させ、適切なサイズに調整して、ステージの上、右、左、下に配置しましょう。オブジェクトの四方の角をドラッグすると、壁を縦長にも横長にも引き延ばせます。

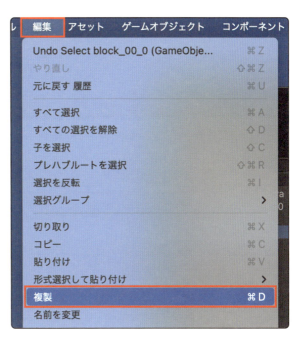

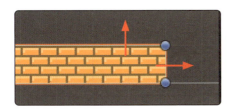

22 ［Play］**ボタン**で実行します。これで、主人公が衝突できる壁が設置されました。

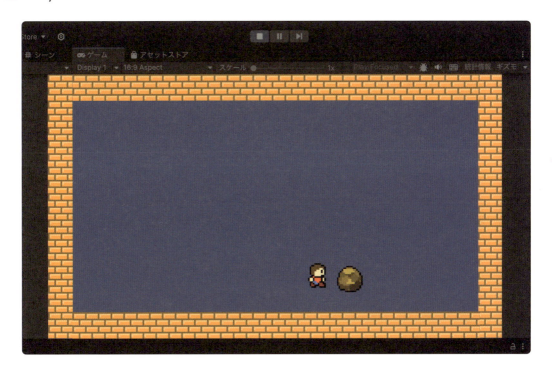

109

CHAPTER
5.4
「ずっと、追いかける」

> 主人公を
> 追いかける
> 敵を
> 作りましょう

🐸 目標に向かって、少しずつ近づく

主人公と壁ができたので、今度は「**ずっと、追いかける（ Forever Chase ）**」スクリプトを使って、主人公を「**ずっと、追いかけてくる敵**」を作りましょう。

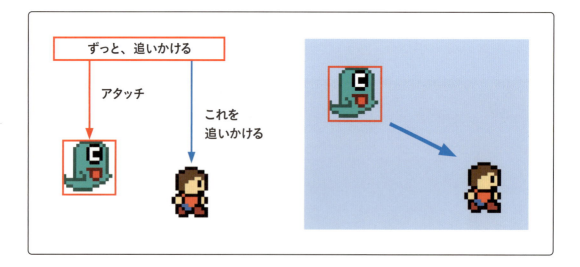

スクリプトの説明

スクリプト名	Forever Chase	
スクリプトの目的	ずっと、目標のオブジェクトを追いかけ続ける	
プロパティ	ターゲットオブジェクト（Target Object）	
追いかけるオブジェクト	速度（Speed）	移動速度（デフォルト：3）
Ghost Mode	壁を通り抜けるかどうか（デフォルト：false）	

110

このスクリプトをアタッチすると、そのオブジェクトが指定した目標オブジェクトを常に追いかけ続けます。**ゴーストモードを有効にすると、壁などの障害物を無視して移動もできます。**
このスクリプトは、「**敵キャラクターがプレイヤーを追いかける**」や、「**ペットがプレイヤーについてくる**」といった、自動的に目標を追跡する動きに使えます。

作ってみよう

オバケのオブジェクトに `Rigidbody 2D` と `Box Collider 2D` と `Forever Chase` をアタッチして、「**ターゲットオブジェクト**」に「**主人公のオブジェクト**」を指定すれば、「**ずっと、主人公を追いかけるオバケ**」を作ることができます。

23 [プロジェクトウィンドウ]の `obake_0`（オバケの画像）を[シーンビュー]にドラッグ&ドロップし、[コンポーネントを追加]から、`Rigidbody 2D` と `Box Collider 2D` をアタッチします。

24 さらに[コンポーネントを追加]から、`Forever Chase` をアタッチします。

25 次に、[インスペクターウィンドウ]の **Forever Chase** の[ターゲットオブジェクト]に追いかける相手を設定します。ヒエラルキーウィンドウから **player1R_0_0** をドラッグ&ドロップする方法もありますが、今回は別の方法で設定してみましょう。ターゲットオブジェクトプロパティの「◎」をクリックし、[シーン]の **player1R_0_0** をダブルクリックして設定します。

26 [Play]ボタンで実行しましょう。オバケが主人公を追いかけてくるようになりました。

27 このままではゲーム内に装飾が少なくて少し寂しいので、背景を追加しましょう。

[プロジェクトウィンドウ]の **block_01_0** (青いレンガの画像)を[シーンビュー]にドラッグ&ドロップし、**Sprite Renderer** の[描画モード]を「タイル」に変更して引き伸ばし、**Transform** の[Z]の値を「10」に変更して一番奥に表示させます。

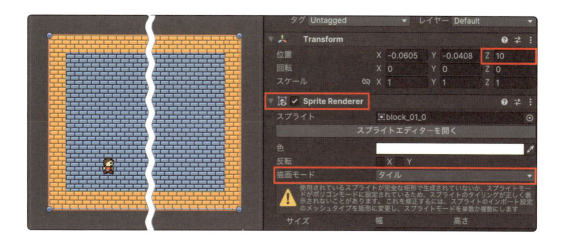

28 背景が明るいので、暗くしましょう。

Sprite Renderer の**[色]**の欄をクリックして出た色ダイアログで、四角いエリアの左の真ん中あたりをクリックすると、色を暗くすることができます。「画像の色合いは変更せず、ただ暗くしたいだけ」なのでグレーを選びます。

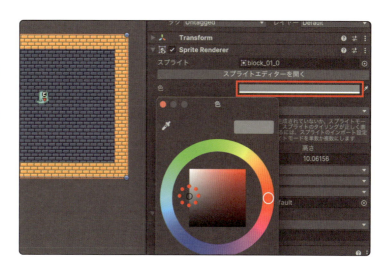

29 オバケを半透明にしましょう。**オバケ**を選択して、**Sprite Renderer** の**[色]**の欄をクリックして出た色ダイアログで、RGBAのAの真ん中あたりをクリックすると、画像を半透明にすることができます。

㉚ [Play] ボタンで実行しましょう。半透明のオバケになっていい感じになりましたね。

スクリプトの解説

 以下が、「ずっと、追いかける（ Forever Chase ）」スクリプトだ。

📄 入力プログラム（ForeverChase.cs）

```
1  using System.Collections;
2  using System.Collections.Generic;
3  using UnityEngine;
4
5  // ずっと、追いかける
6  public class ForeverChase : MonoBehaviour
7  {
8      //-------------------------------------
9      public GameObject targetObject; //[目標オブジェクト]
10     public float speed = 3; //[速度]
```

```csharp
11      public bool ghostMode = false; //[壁を通り抜けるか]
12      //-----------------------------------
13      Rigidbody2D rbody;
14
15      void Start ()
16      {
17          rbody = GetComponent<Rigidbody2D>();
18          if (ghostMode)   //  壁を無視して移動
19          {
20              rbody.bodyType = RigidbodyType2D.Kinematic;
21          }
22          else   //  重力なし、回転なし
23          {
24              rbody.gravityScale = 0;
25              rbody.constraints = RigidbodyConstraints2D.
        FreezeRotation;
26          }
27      }
28
29      void FixedUpdate()
30      {
31          // 目標オブジェクトの方向を調べて
32          Vector3 dir = (targetObject.transform.position -
        transform.position).normalized;
33          // その方向へ指定した量で
34          float vx = dir.x * speed;
35          float vy = dir.y * speed;
36          rbody.linearVelocity = new Vector2(vx, vy); // 移動する
37              GetComponent<SpriteRenderer>().flipX = (vx < 0); // 向
        きを変える
38      }
39  }
```

このスクリプトで重要な部分を見てみよう。

まず、この部分で**追いかけるオブジェクト、移動速度、壁を通り抜けるかどうか**を設定する。
目標オブジェクト（ `targetObject` ）は「 `public` の変数」にして、ゲーム作成時にあとから指定できるようにしておく。

追いかけるスピードも、あとから変更できるように、 `speed` という `public` の変数を用意した。

```
 9    public GameObject targetObject; //[目標オブジェクト]
10    public float speed = 3; //[速度]
11    public bool ghostMode = false;  //[壁を通り抜けるか]
```

ゲーム開始時に、 `ghostMode` が `true` なら Kinematic モードにして**壁を通り抜けられる&回転しないようにする**。 `false` なら重力を０にして回転しないように設定する。

```
15    void Start ()
16    {
17        rbody = GetComponent<Rigidbody2D>();
18        if (ghostMode)   // 壁を無視して移動
19        {
20            rbody.bodyType = RigidbodyType2D.Kinematic;
21        }
22         else   // 重力なし、回転なし
23        {
24            rbody.gravityScale = 0;
25            rbody.constraints = RigidbodyConstraints2D.FreezeRotation;
26        }
27    }
```

このくり返しの中で以下の処理を行い、追いかける処理を行う。

```
29    void FixedUpdate()
30    {
31        // 目標オブジェクトの方向を調べて
```

```
32      Vector3 dir = (targetObject.transform.position -
   transform.position).normalized; ──❶
33      // その方向へ指定した量で
34      float vx = dir.x * speed;
35      float vy = dir.y * speed; ──❷
36      rbody.linearVelocity = new Vector2(vx, vy); // 移動する ──❸
37          GetComponent<SpriteRenderer>().flipX = (vx < 0); // 向
   きを変える ──❹
38  }
```

❶ まず、`targetObject` の位置と自分の位置の差を計算して、**目標への方向**（ `dir` ）を求める。
❷ その方向に `speed` をかけて、実際の移動量（ `vx` と `vy` ）を計算する。
❸ Rigidbody2D の `linearVelocity`（Unity 6 以前は、`velocity`）に設定して、オブジェクトの移動速度を決め、物理的に移動させる。
❹ 左右の動きに応じてスプライトの向きを変える。

　ここで、Kinematicモードについて少し説明をしておこう。
　Rigidbody2Dには「**物理演算モード（Dynamic）**」と「**Kinematicモード**」の2種類がある。「**物理演算モード**」はRigidbody2Dのデフォルトのモードで、現実世界のように、物理法則が完全に働く。例えば「重力で落ちる」「壁にぶつかると止まる」「他のものとぶつかると、お互いが影響を受ける」といった、普通の物の動きをするんだ。
　だが、「**Kinematicモード**」にすると、「**半分無敵モード**」みたいな面白い動きが実現できる。「自分は壁をすり抜けられる」「重力の影響を受けない」「でも、他の物体とぶつかると、その物体を押しのけることができる」といった動きができる。Kinematicモードにすることで、「自分は壁を通り抜けられるのに、他の物を押せる」という、現実ではありえない特殊な動きができるんだ。

衝突したあとの
ゲームの
しくみを
作りますよ

CHAPTER
5.5
「衝突したら、表示」で
ゲームオーバー

敵と衝突したら、ゲームオーバー

主人公をオバケが追いかけるようになりましたが、衝突してもなにも起こりません。
そこで「**敵が主人公と衝突したら、ゲームオーバーのしかけ**」を作りましょう。
「**衝突したら、表示する（ On Collision Show ）**」スクリプトと、「**衝突したら、ゲームを停止する
（ On Collision Stop Game ）**」スクリプトを使います。

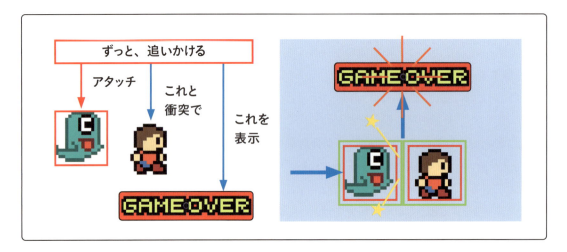

スクリプトの説明❶

スクリプト名	On Collision Show	
スクリプトの目的	目標と衝突すると、別のオブジェクトを表示する	
プロパティ	ターゲットオブジェクト（Target Object）	目標のオブジェクト
Tag Name	目標のタグ名（グループ名）	
Show Object	表示するオブジェクト	

このスクリプトをアタッチすると、ゲーム開始時に**表示するオブジェクトを非表示**にしておいて、**特定のオブジェクト**か、**特定のタグ名（グループ名）のオブジェクト**と衝突したときに表示させることができます。

このスクリプトは、「**プレイヤーがアイテムに触れたとき、メッセージを表示する**」、「**敵が罠に触れたとき、効果エフェクトを表示する**」、「**隠しアイテムに触れたとき、隠し要素を表示する**」などに使えます。

スクリプトの説明❷

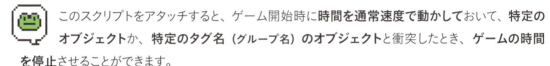

スクリプト名	On Collision Stop Game	
スクリプトの目的	目標と衝突すると、ゲームを停止する	
プロパティ	targetObject（ターゲットオブジェクト）	目標のオブジェクト
Tag Name	目標のタグ名（グループ名）	

このスクリプトをアタッチすると、ゲーム開始時に**時間を通常速度で動かしておいて**、**特定のオブジェクト**か、**特定のタグ名（グループ名）のオブジェクト**と衝突したとき、**ゲームの時間を停止**させることができます。

このスクリプトは、「**プレイヤーが敵に触れたとき、ゲームオーバーにする**」、「**キャラクターがゴールに到達したとき、ゲームクリアとする**」、「**特殊アイテムに触れたとき、時間を止めて特殊な効果を発動する**」といった、ゲームの進行を制御する動きに使えます。

作ってみよう

31 ［プロジェクトウィンドウ］の **gameover_0**（ゲームオーバーの画像）を［シーンビュー］にドラッグ＆ドロップします。

㉜ シーン上の**オバケ**を選択し、**[コンポーネントを追加]** から、On Collision Show をアタッチします。

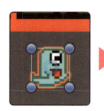

㉝ [インスペクターウィンドウ] の On Collision Show の [ターゲットオブジェクト] プロパティの「◎」をクリックし、主人公の名前の player1R_0_0 をダブルクリックして選択します。

㉞ さらに、On Collision Show の [Show Object] プロパティの「◎」をクリックし、gameover_0 をダブルクリックして選択します。

35 次に、[コンポーネントを追加] から、On Collision Stop Game をアタッチします。

36 [ターゲットオブジェクト] プロパティの「◎」をクリックし、主人公の名前の **player1R_0_0** をダブルクリックして選択します。

37 [Play] ボタンで実行してみましょう。ゲームの開始時には、**ゲームオーバーの画像**はありませんが、オバケと主人公が衝突すると表示されて、ゲームが停止します。

スクリプトの解説 ❶

 以下が、「衝突したら、表示する（ On Collision Show ）」スクリプトだ。

入力プログラム（OnCollisionShow.cs）

```csharp
using System.Collections;
using System.Collections.Generic;
using UnityEngine;

// 衝突すると、表示する
public class OnCollisionShow : MonoBehaviour
{
    //--------------------------------------
    public GameObject targetObject; //[目標オブジェクト]
    public string tagName; //[タグ名]
    public GameObject showObject; //[表示するオブジェクト]
    //--------------------------------------

    void Start()
    {
        showObject.SetActive(false); // 非表示にする
    }

    void OnCollisionEnter2D(Collision2D collision) { // 衝突したとき
        // 衝突したものが、目標オブジェクトか、タグ名なら
        if (collision.gameObject == targetObject ||
            collision.gameObject.tag == tagName)
        {
            showObject.SetActive(true); // 表示する
        }
    }
}
```

このスクリプトで重要な部分を見てみよう。
まず、**衝突するオブジェクト**か、**衝突するタグ名**を設定し、さらに、**表示するオブジェクト**を設定する。

```
 9    public GameObject targetObject; //[目標オブジェクト]
10    public string tagName;  //[タグ名]
11    public GameObject showObject;  //[表示するオブジェクト]
```

ゲーム開始時に、表示するオブジェクトを**あとで表示させる**ために、**非表示**にしておく。

```
14    void Start()
15    {
16        showObject.SetActive(false); // 非表示にする
17    }
```

書式：ゲームオブジェクトを消す

```
<ゲームオブジェクト>.SetActive(false);
```

 この部分で、**衝突検出と表示処理**を行う。
衝突した相手が、**指定したオブジェクト**か、**指定したタグ名（グループ名）**だったら、`SetActive(true)` で表示オブジェクトを表示する。

```
19    void OnCollisionEnter2D(Collision2D collision) { // 衝突したとき
20        // 衝突したものが、目標オブジェクトか、タグ名なら
21        if (collision.gameObject == targetObject ||
22            collision.gameObject.tag == tagName)
23        {
24            showObject.SetActive(true); // 表示する
25        }
26    }
```

書式：ゲームオブジェクトを表示する

<ゲームオブジェクト>.SetActive(true);

スクリプトの解説 ❷

 以下が、「**衝突すると、ゲームをストップする**」スクリプトだ。

入力プログラム（OnCollisionStopGame.cs）

```csharp
using System.Collections;
using System.Collections.Generic;
using UnityEngine;
// 衝突すると、ゲームをストップする
public class OnCollisionStopGame : MonoBehaviour
{
    //----------------------------------------
    public GameObject targetObject; //[目標オブジェクト]
    public string tagName; //[タグ名]
    //----------------------------------------
    void Start ()
    {
        Time.timeScale = 1; // 時間を動かす
    }
    void OnCollisionEnter2D(Collision2D collision) // 衝突したとき
    {
        // 衝突したものが、目標オブジェクトか、タグ名なら
        if (collision.gameObject == targetObject ||
            collision.gameObject.tag == tagName)
        {
            Time.timeScale = 0; // 時間を止める
```

```
 22                }
 23          }
 24    }
```

このスクリプトの重要な部分を見ていこう。
ゲーム開始時に、時間のスケールを1に設定して、ゲームを通常の速度で進行させておく。

```
 13    void Start ()
 14    {
 15         Time.timeScale = 1;  // 時間を動かす
 16    }
```

一定時間ごとにずっと実行している **FixedUpdate** は、「 **Time.timeScale = 0;** 」でくり返しを止めることができる。この部分で、衝突したものが、目標オブジェクトか、目標のタグ名がついたものだったら、「 **Time.timeScale = 0;** 」に変更して **FixedUpdate** のくり返しを止め、時間のスケールを0にして、ゲームの時間を止めているんだ。

```
 18    void OnCollisionEnter2D(Collision2D collision)  // 衝突したとき
 19    {
 20         // 衝突したものが、目標オブジェクトか、タグ名なら
 21         if (collision.gameObject == targetObject ||
 22             collision.gameObject.tag == tagName)
 23         {
 24             Time.timeScale = 0;  // 時間を止める
 25         }
 26    }
```

宝箱と衝突したら、ゲームクリアを表示

オバケと衝突すればゲームオーバーですが、いつまでも逃げ続けるだけではつまらないので、次は**「主人公が宝箱と衝突したら、ゲームクリアのしかけ」**を作りましょう。

作ってみよう

 衝突する対象が違うだけで、ゲームオーバーと同じ方法で作れます。

38 [プロジェクトウィンドウ]の **gameclear_0（ゲームクリアの画像）** と **takara_0（宝箱の画像）** を [シーンビュー] にドラッグ＆ドロップします（ゲームオーバーとゲームクリアはどちらかしか表示されないので重なってもかまいません）。

39 シーン上の**宝箱**を選択します。宝箱は動かないので、[**コンポーネントを追加**] から、**Box Collider 2D** だけをアタッチします。

㊵ シーン上の**主人公**を選択し、**[コンポーネントを追加]** から、On Collision Show をアタッチします。

㊶ [インスペクターウィンドウ] の On Collision Show の [ターゲットオブジェクト] プロパティの「◎」をクリックし、**takara_0** をダブルクリックして選択します。

㊷ さらに、On Collision Show の [Show Object] プロパティの「◎」をクリックし **gameclear_0** をダブルクリックして選択します。

43 次に、[コンポーネントを追加] から、On Collision Stop Game をアタッチして、[ターゲットオブジェクト] プロパティの「◎」をクリックし、takara_0 をダブルクリックして選択します。

44 [Play] ボタンで実行しましょう。ゲームの開始時には、**ゲームクリア**は表示されていませんが、主人公が宝箱と衝突すると表示されます。

CHAPTER
5.6
「衝突したら、消す」で扉を開ける

鍵を取ると消える扉を作りましょう

🐸 扉を置いて進めなくする

さらにゲームっぽく修正しましょう。「**最初は通れない扉があるけれど、鍵をゲットすると扉が開いて通れる**」ようになるというしかけです。
まずは、扉を置いて進めないように修正します。

45 壁を選択し、[**メニュー → 複製**]を選択して、上下を分ける通路を作ります。岩は[**メニュー → 削除**]で、削除しておきます。

46 [プロジェクトウィンドウ]の`block_10`（扉の画像）と、`key_0`（鍵の画像）を[シーンビュー]にドラッグ＆ドロップし、扉は通路をふさぐようにサイズを調整します。

47 どちらも衝突できるように、**扉**と**鍵**にそれぞれ【コンポーネントを追加】から、Box Collider 2D を
アタッチします。

48 【Play】ボタンで実行しましょう。下の通路は扉があるので通れなくなりました。

鍵と衝突したら、扉を消して進める

扉を開けるためには、「衝突したら、表示する」の反対の「**衝突したら、消す（ On Collision Hide ）**」スクリプトを使います。これを使って、「**鍵と主人公が衝突したら、扉を消すしくみ**」を作りましょう。

スクリプトの説明

スクリプト名	On Collision Hide	
スクリプトの目的	目標と衝突すると、別のオブジェクトを非表示にする	
プロパティ	ターゲットオブジェクト（Target Object）	目標のオブジェクト
Tag Name	目標のタグ名（グループ名）	
Hide Object	消すオブジェクト	

 このスクリプトをアタッチすると、**特定のオブジェクト**か、**特定のタグ名（グループ名）のオブジェクト**と衝突したとき、非表示（消す）にします。

このスクリプトは、「**プレイヤーがアイテムに触れたとき、アイテムを消す**」、「**弾が的に当たったとき、的を消す**」、「**キャラクターが障害物を破壊したとき、その障害物を消す**」などに使えます。

作ってみよう

49 シーン上の**鍵**を選択し、**[コンポーネントを追加]** から、On Collision Hide をアタッチします。

50 鍵が「誰と衝突するのか」を設定します。[インスペクターウィンドウ]の **On Collision Hide** の[ターゲットオブジェクト]の「◎」をクリックし、主人公の名前の `player1R_0_0` をダブルクリックして選択します。

51 衝突したとき「何を消すのか」を設定します。[Hide Object]の「◎」をクリックし、扉の名前の `block_10_0` をダブルクリックして選択します。

52 [Play]ボタンで実行しましょう。鍵に触れると扉が消えて通れるようになります。このしかけをあちこちに作れば、謎解きアクションゲームが作れそうですね。

スクリプトの解説

 以下が、「**衝突すると、消す**」スクリプトだ。

入力プログラム（OnCollisionHide.cs）

```csharp
using System.Collections;
using System.Collections.Generic;
using UnityEngine;
// 衝突すると、消す
public class OnCollisionHide : MonoBehaviour
{
    //------------------------------------
    public GameObject targetObject; //[目標オブジェクト]
    public string tagName; //[タグ名]
    public GameObject hideObject; //[消すオブジェクト]
    //------------------------------------
    void OnCollisionEnter2D(Collision2D collision) // 衝突したとき
    {
        // 衝突したものが、目標オブジェクトか、タグ名なら
        if (collision.gameObject == targetObject ||
            collision.gameObject.tag == tagName)
        {
            hideObject.SetActive(false); // 非表示にする
        }
    }
}
```

このスクリプトの重要な部分を見ていこう。
次の部分で、衝突したものを消している。「どのゲームオブジェクトを消すのか」を **public** で変数に設定してはっきりさせておき、衝突した相手が、**指定したオブジェクト**か、**指定したタグ名（グループ名）**だったら、**SetActive(false)** で、オブジェクトを非アクティブにして消しているんだ。

```
12  void OnCollisionEnter2D(Collision2D collision) // 衝突したとき
13  {
14      // 衝突したものが、目標オブジェクトか、タグ名なら
15      if (collision.gameObject == targetObject ||
16          collision.gameObject.tag == tagName)
17      {
18          hideObject.SetActive(false); // 非表示にする
19      }
20  }
```

6
アニメーション

アニメーションウィンドウを使うと、これまで1枚の静止画を移動させているだけだったのを、パラパラマンガのようにアニメーションをしながら動くゲームオブジェクトを作ることができます。

CHAPTER 6.1
アニメーションとアニメーター

> 歩く動きを
> させながら
> 移動させ
> ましょう

🐸 アニメーションは「ある1つの動作」

次は、**歩く動作（アニメーション）** をする主人公を作ってみましょう。

歩くアニメーションは、**パラパラマンガ**のように複数の画像を順に切り換えることで作ることができます。Unityで扱う「**アニメーション**」とは、「**ある1つの動作**」のことを指していて、「歩く」「走る」「ジャンプする」など、キャラクターの**一つひとつの動作**をそれぞれアニメーションとして作成します。

🐸 ただ単に歩くだけなら、**1つのアニメーション**を再生し続ければよいのですが、いろいろな動作をさせたいときは、別のアニメーションに切り換える必要があります。このようなときに使うのが、**複数のアニメーションの切り換え**を管理する「**アニメーター**」です。

この**アニメーション**と**アニメーター**を使って、主人公を自然な動きで動かしてみましょう。

新しいシーンを追加する

まずは、**新しいシーン**を作ります。

1 メニュー［**ファイル → 新しいファイル**］を選択し、［Basic 2D (Built-in)］を選択し、［**作成**］ボタンをクリックして、新しいシーンを作ります。

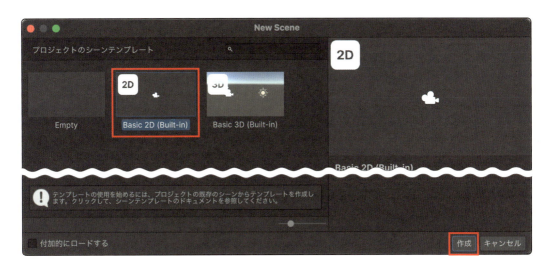

2 メニュー［**ファイル → 保存**］を選択して、［Scenes］フォルダを選択し、ファイル名を「chap6」と入力して、［Save］ボタンをクリックしましょう。

 上下左右キーで移動する主人公

まずは、OnKeyPressMove で上下左右に移動する主人公を作ります。

3 ［プロジェクトウィンドウ］の player1R_0（右向き男の子の画像）を［シーンビュー］にドラッグ＆ドロップし、［コンポーネントを追加］で、Rigidbody 2D と Capsule Collider 2D をアタッチします。

4 さらに、［コンポーネントを追加］から、On Key Press Move をアタッチします。

5 ［Play］ボタンで実行しましょう。上下左右キーで移動できます。

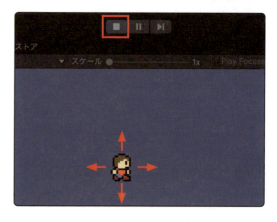

アニメーションでパラパラマンガを作る

この主人公に、「**横に歩くアニメーション**」をつけます。

6 シーン上の**主人公**を選択して、メニュー[**ウィンドウ → アニメーション → アニメーション**]を選択すると、[**アニメーションパネル**]が開きます。

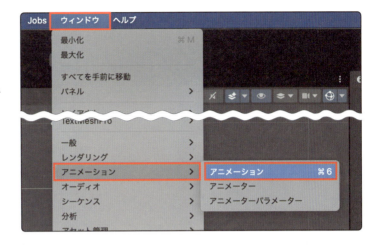

7 **主人公**にはまだアニメーションがついていないので、[**作成**]ボタンが表示されています。[**作成**]ボタンをクリックして、アニメーションファイルを作りましょう。ファイル名を「**walk**」にして保存します（[Assets]の下であればどこでもかまいません）。

保存された状態

8 Unityのウィンドウをサイズを変更して、［アニメーションパネル］を並べるように配置します。［プロジェクトウィンドウ］の**右向きの男の子のパラパラマンガの画像4枚、`player1R_0`〜`player1R_3`** を、Shiftキーを押しながらクリックして複数選択し、［アニメーションパネル］にドラッグ＆ドロップします。

9 アニメーションパネルに4つの点ができます。その名前の左にある▶をクリックすると、どんな画像が設定されたかを確認することができます。

⑩ [アニメーションパネル] 右端の [：] をクリックして、[Show Sample Rate]のチェックをオンにすると、サンプル「60」と表示されます（チェックをするのは初回のみで大丈夫です）。これは、1秒間に60回のスピードでパラパラマンガを再生するという設定です。「60」では早すぎるので、この値を「4」に変更します。

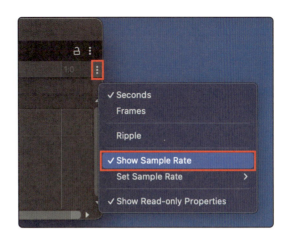

⑪ [Play] ボタンで実行しましょう。上下左右キーを押すと、主人公が歩きながら移動します。また、左キーを押したときはちゃんと左を向いて歩きます。主人公が歩くアニメーションを作れました。

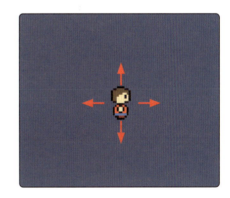

CHAPTER 6.2
「上下左右キーで、アニメーションを切り換える」

> 歩く向きにあわせて動きが切り換わるように作りましょう

🐸 主人公に、複数のアニメーションを追加

左右に歩くアニメーションができましたね。これは横スクロールゲームでは使えそうですが、RPGなどのゲームでは、上キーを押すと**上向きに歩くアニメーション**、下キーを押すと**下向きに歩くアニメーション**に切り換えて、平面をより自然に歩く動きが必要になります。

そこで、ここでは「**左右に歩く**」主人公に、「**上向きに歩く**」「**下向きに歩く**」の2つのアニメを追加して、切り換えるしくみを作りましょう。

先ほど**主人公**に「**左右に歩くアニメーション**」を作りましたが、このときに「**アニメーター**」も一緒に作成されています。「**アニメーター**」とは、複数のアニメーションを管理したり切り換えたりする機能です。今は先ほど作成した「walk」が1つだけ入っていますが、ここに「**上向きに歩く**」「**下向きに歩く**」の2つのアニメーションを追加しましょう。

12 まず**上向きのアニメーション**から作ります。[アニメーションパネル]の左上の「walk」**をクリック**して、出たメニューから**[新しいクリップを作成...]** を選択し、新しいアニメーションの名前の「walkU」をつけて保存します（[Assets]の下であればどこでもかまいません）。

13 [プロジェクトウィンドウ] の上向きの男の子のパラパラマンガの画像4枚、player1U_0～player1U_3 をShiftキーを押しながら複数選択し、[アニメーションパネル] にドラッグ&ドロップします。サンプルの「60」は「4」に変更します。

14 次は**下向きのアニメーション**を作ります。[アニメーションパネル]の左上の「walkU」を**クリック**して、出たメニューから[**新しいクリップを作成…**]を選択し、新しいアニメーションの名前の「walkD」をつけて保存します。

15 [プロジェクトウィンドウ] の**下向きの男の子のパラパラマンガの画像4枚**、`player1D_0`〜 `player1D_3` をShiftキーを押しながら複数選択し、[アニメーションパネル] にドラッグ＆ドロップします。サンプルの「60」は「4」に変更します。

上下左右キーで、アニメーションを切り換える

これで主人公に、「**横向き**」「**上向き**」「**下向き**」の3種類のアニメーションを追加することができました。ただし、今のままでは最初の「**横向き**」のアニメーションしか行いません。スクリプトなどで切り換える必要があるので、「**上下左右キーで、アニメーションを切り換える（ On Arrow Key Press Change Anime ）**」スクリプトを使いましょう。

スクリプトの説明

スクリプト名	On Arrow Key Press Change Anime	
スクリプトの目的	上下左右キーを押すと、アニメーションを切り換える	
プロパティ	Up Anime	上向き移動時のアニメーション名
	Down Anime	下向き移動時のアニメーション名
	Right Anime	横向き移動時のアニメーション名

このスクリプトをアタッチすると、**上下左右の矢印キーの入力**に応じて、キャラクターにつけたAnimatorコンポーネントに入っている「**上**」「**下**」「**横**」のアニメーションを切り換えられます。このスクリプトは、「**RPGのキャラクターが移動方向に応じて向きを変える**」といった、プレイヤーの入力に応じてキャラクターの見た目を変更するときに使えます。

作ってみよう

16 まず、3つのアニメーションが登録されているか確認しましょう。メニュー[**ウィンドウ → アニメーション → アニメーター**]を選択すると、[**シーンタブ**]の横に[**アニメータータブ**]が表示されます。ヒエラルキーウィンドウで **player1R_0_0** をクリックすると、「walk」「walkU」「walkD」の3つのアニメーションが表示されます。つまり、主人公はこの3つのアニメーションを行うことができるということです。このように[**アニメータータブ**]では、ゲームオブジェクトにどのようなアニメーションが割り当てられているかを確認できます。

17 確認ができたので、主人公に**切り換えるスクリプト**をアタッチしましょう。[**シーンタブ**]をクリックして、シーン上の**主人公**を選択し、[**コンポーネントを追加**]ボタンをクリックします。[**検索欄**]で「ona」と入力して、**On Arrow Key Press Change Anime** をアタッチしましょう。

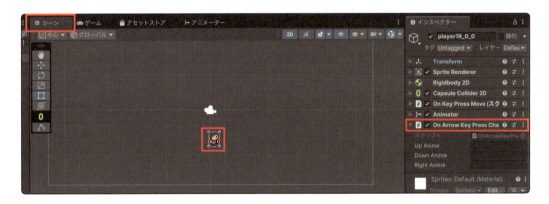

18 そして、**各アニメーション名**で設定します。[インスペクターウィンドウ]で[Up Anime]には「walkU」を、[Down Anime]には「walkD」を、[Right Anime]に「walk」を入力して指定します。

19 [Play] ボタンで実行しましょう。上下左右キーを押すと、上下左右でそれぞれの方向に歩くアニメーションをしながら主人公が歩くようになりました。

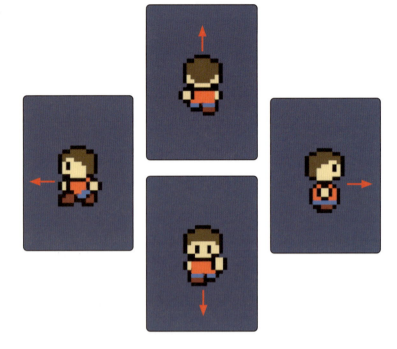

20 せっかくなのでRPGっぽい背景もつけましょう。[プロジェクトウィンドウ]から、**block_03**、**block_04**、**block_05**、**block_06** などを[シーンビュー]にドラッグ＆ドロップし、[**Transform**]の[**位置Z**]をプラスの値にして奥に置きます。[**描画モード**]を「**タイル**」にして、引き伸ばして背景を作りましょう。

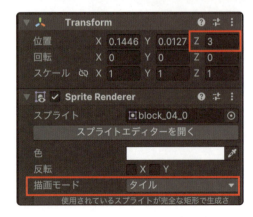

21 [Play] ボタンで実行しましょう。背景がRPGっぽくなると、ゲームのイメージがぐっとわきますね。

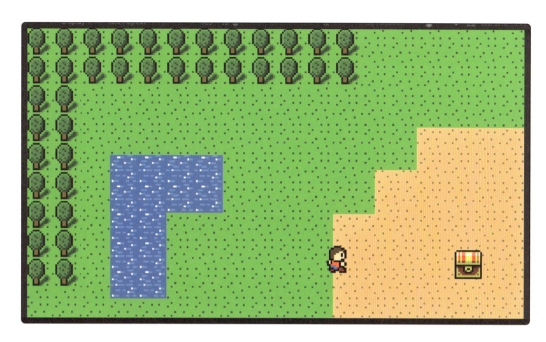

── スクリプトの解説 ──

 以下が、「上下左右キーで、アニメーションを切り換える（ On Arrow Key Press Change Anime ）」スクリプトだ。

入力プログラム（OnArrowKeyPressChangeAnime.cs）

```
1  using System.Collections;
2  using System.Collections.Generic;
3  using UnityEngine;
4
5  // キーを押すと、アニメーションを切り換える
6  public class OnArrowKeyPressChangeAnime : MonoBehaviour
7  {
8      //----------------------------------------
9      public string upAnime = "";           //[上向きアニメ]
10     public string downAnime = "";   //[下向きアニメ]
11     public string rightAnime = ""; //[右向きアニメ]
```

▶次ページに続きます

```csharp
//-------------------------------------
string nowMode = "";
string oldMode = "";
Animator animator;

void Start()
{
    animator = GetComponent<Animator>();
    nowMode = downAnime;
}

    void Update()
{
        float h = Input.GetAxisRaw("Horizontal");
        float v = Input.GetAxisRaw("Vertical");

        if (v > 0)
    {
            nowMode = upAnime; // 上キーの場合
        }
    else if (v < 0)
    {
            nowMode = downAnime; // 下キーの場合
        }
    else if (h > 0)
    {
            nowMode = rightAnime; // 右キーの場合
        }
    else if (h < 0)
    {
            nowMode = rightAnime; // 左キーの場合
        }
    if (nowMode != oldMode)
    {
```

```
46            oldMode = nowMode;
47            animator.Play(nowMode);  // アニメを切り換える
48        }
49    }
50 }
```

このスクリプトで重要な部分を見てみよう。
まず、**各方向のアニメーション名**を `public` の変数にして、[インスペクターウィンドウ] から設定できるようにしておく。

```
9   public string upAnime = "";         //[上向きアニメ]
10  public string downAnime = "";       //[下向きアニメ]
11  public string rightAnime = "";      //[右向きアニメ]
```

ゲーム開始時に、アニメーションを持っている**Animatorコンポーネント**を取得しておいて、**最初のアニメーション**を下向きにしておく。

```
17  void Start()
18  {
19      animator = GetComponent<Animator>();
20      nowMode = downAnime;
21  }
```

この部分で、キー入力の検出とアニメーションの切り換えを行っている。`Input.GetAxisRaw` を使って上下左右のキーが押されたかを調べ、それに応じてアニメーションを設定しているんだ。たとえば、下キーが押されたときは `downAnime` が選ばれ、右キーが押されたときは `rightAnime` が選ばれる（左キーが押されたときも右向きのアニメーションを使っているぞ）。

そして、`if (nowMode != oldMode)` で現在のアニメーションが前回のものと違うかを調べ、違う場合のみ新しいアニメーションに切り換えている。これにより、同じアニメーションを繰り返さずにスムーズに切り換えることができるんだ。

```csharp
    void Update()
{
        float h = Input.GetAxisRaw("Horizontal");
        float v = Input.GetAxisRaw("Vertical");

        if (v > 0)
    {
            nowMode = upAnime; // 上キーの場合
        }
    else if (v < 0)
    {
            nowMode = downAnime; // 下キーの場合
        }
    else if (h > 0)
    {
            nowMode = rightAnime; // 右キーの場合
        }
    else if (h < 0)
    {
            nowMode = rightAnime; // 左キーの場合
        }
    if (nowMode != oldMode)
    {
        oldMode = nowMode;
        animator.Play(nowMode); // アニメを切り換える
    }
}
```

7
シーンを切り換える

これまでは1つのシーンにいろいろなオブジェクトを並べてゲームを作ってきましたが、一般的なゲームは複数のシーンによってできています。ここでは、複数のシーンを作る方法と、シーンを切り換える方法について解説していきます。

CHAPTER 7.1
シーンを複数用意する

複数のシーンを作って切り換える準備をしましょう

ゲームは、複数のシーンでできている

ここまでは、**1つのシーン（画面）**だけでゲームを作ってきましたが、ゲームは**タイトル画面**があったり、**ゲームオーバー画面**があったりと、複数の画面の組み合わせでできています。そこで次は、**複数のシーンを切り換える方法**について見ていきましょう。

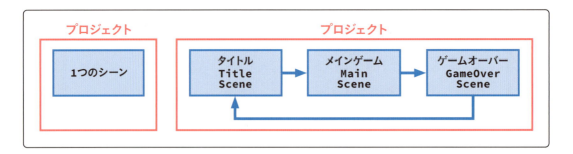

まずは、シーンを切り換えるしくみがわかるように、「**ボタンを押したら、シーンが変わる**」という必要最低限の部分だけを作ってみます。

シーンを2つ用意する

今回はシーンを複数作っていきます。

1. メニュー［**ファイル → 新しいファイル**］を選択し、［**Basic 2D (Built-in)**］を選択し、［**作成**］ボタンをクリックして、新しいシーンを作ります。
2. ［プロジェクトウィンドウ］の `player2D_0`（前向きの女の子の画像）を［シーンビュー］にドラッグ＆ドロップします。

3 メニュー【ファイル → 保存】を選択して、【Scenes】フォルダを選択し、ファイル名を「chap7」と入力して、【Save】ボタンをクリックして保存しましょう。

4 1つ目のシーンができたら、次は2つ目のシーンを作ります。メニュー【ファイル → 新しいファイル】を選択し、【Basic 2D (Built-in)】を選択したら、【作成】ボタンをクリックして新しいシーンを作成します。

5 ［プロジェクトウィンドウ］の **player2U_1**（後ろ向きの女の子の画像）を［シーンビュー］にドラッグ＆ドロップします。さらに、**item_08**（お寿司）や **item_12**（デザート）、**gameclear**（ゲームクリア）などを［シーンビュー］にドラッグ＆ドロップして、「ごちそうでいっぱいのゲームクリアシーン」を作りましょう。【Main Camera】の【背景】の色をオレンジ色に変更して、背景色も明るく変更しておきます。

6 メニュー【ファイル → 保存】を選択して、【Scenes】フォルダを選択し、ファイル名を「gameclear」と入力して、【Save】ボタンをクリックして保存しましょう。

7 これで2つのシーンができました。「chap7」と「gameclear」をそれぞれダブルクリックしてみて、異なるシーンになっていることを確認しましょう。

CHAPTER 7.2
「タッチしたら、シーンを切り換える」

タッチしたら
シーンが
切り換わる
しくみを
作りましょう

使うシーンを登録する

先ほど作成したこの2つのシーンを**スクリプトで切り換えるしくみ**を作りましょう。そのためには、**使用するシーンをプロジェクトに登録**する必要があります。

8 **使うシーンの登録**をします。メニュー［**ファイル → ビルドプロファイル**］を選択すると、［ビルドプロファイル］ダイアログが開きます。［プラットフォーム］の［**シーンリスト**］を選択してください。

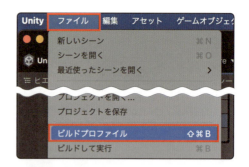

9 この［シーンリスト］に使うシーンを登録していきます。［シーンリスト］には、デフォルトの「SampleScene」が登録されていることがあります。右クリックして**［選択を削除］**を選択すると、不要なシーンの登録を削除することができます。

10 **使うシーンを登録**しましょう。［プロジェクトウィンドウ］の「chap7」と「gameclear」をこの**［シーンリスト］**にドラッグ＆ドロップすると登録できます。完了したら**［ビルドプロファイル］**ダイアログは閉じてください。

ボタンにタッチしたら、シーンを切り換える

それでは、「タッチしたら、シーンを切り換える（ On Mouse Down Switch Scene ）」スクリプトを使って、「シーンを切り換えるボタン」を作りましょう。

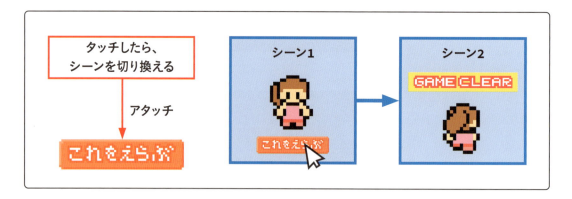

スクリプトの説明

スクリプト名	On Mouse Down Switch Scene	
スクリプトの目的	このオブジェクトをタッチすると、指定したシーンに切り換える	
プロパティ	Scene Name	切り換え先のシーン名

このスクリプトをアタッチすると、タッチしたときに、**指定したシーン**に切り換わります。

このスクリプトは、「**タイトル画面から、メインゲームへ移動する**」や、「**メインゲームから、ゲームオーバー画面へ移動する**」、「**ゲームオーバー画面から、タイトル画面へ移動する**」ときなどに使えます。

作ってみよう

① まず、1つ目のシーンからボタンをつけていきましょう。プロジェクトウィンドウで【scene1】をダブルクリックします。

⓬ [プロジェクトウィンドウ]の select_0（オレンジ色の「これをえらぶ」の画像）を[シーンビュー]に ドラッグ＆ドロップし、[コンポーネントを追加]から、Box Collider 2D をアタッチします。

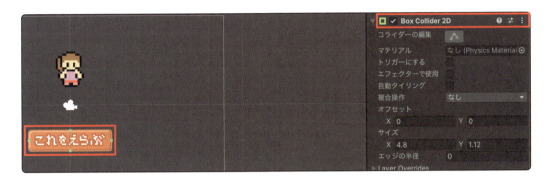

⓭ さらに[コンポーネントを追加]から、On Mouse Down Switch Scene をアタッチし、[Scene Name]に「gameclear」と入力します。

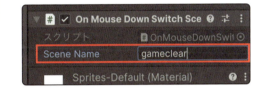

⓮ [Play]ボタンで実行し、「これを選ぶ」をクリックすると、「ごちそうでいっぱいのゲームクリアシーン」に切り換わります。
これで、「chap7からgameclearへのシーン切り換え」ができました。

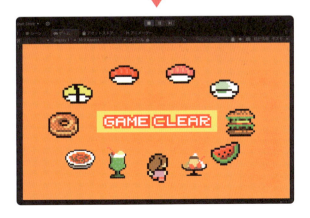

🎮 シーンを複製して、少し違うシーンを作る

ゲームには、マップはほとんど同じなのに敵やワナが違うという**「似ているけれど少し違うステージ」**がよく登場しますね。Unityではこのようなしくみを楽に作ることができます。一度作ったシーンを**複製して少し修正して、似ているけれど少し違うステージ**を作るのです。ここでは、gameclearを複製・修正して違うシーンを作ります。

15 まず、[プロジェクトウィンドウ]の「gameclear」を選択して、メニュー**[編集 → 複製]**を選びましょう。すると、「gameclear 1」という複製されたシーンが作られます。

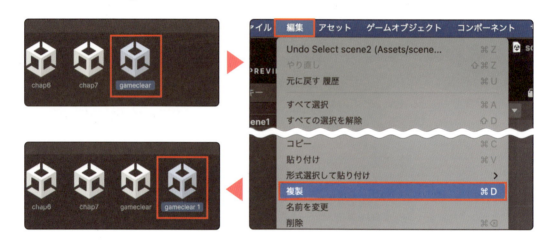

16「gameclear 1」を右クリックして、**[名前を変更]**を選択し、名前を「gameover」に変更します。

17 次は、「gameover」をダブルクリックしましょう。［シーンは変更されています］というダイアログが出たら［保存］ボタンをクリックして、続行します。**デザート**や**ゲームクリア**を消して、代わりに **obake_1**（オバケ）や **gameover**（ゲームオーバー）などを［シーンビュー］にドラッグ＆ドロップして、「**オバケのゲームオーバーシーン**」に変更しましょう。［**Main Camera**］の［**背景**］の色も青に変更して、背景色を暗くします。

18 完成したら、このシーンも［シーンリスト］に登録しましょう。メニュー［**ファイル → ビルドプロファイル**］を選択して［**ビルドプロファイル**］ダイアログを表示させます。「gameover」を［**シーンリスト**］にドラッグ＆ドロップして追加・登録します。完了したら［**ビルドプロファイル**］ダイアログは閉じてください。

19 最初のシーンも少し修正しましょう。［プロジェクトウィンドウ］の「chap7」をダブルクリックして開き、**オレンジ色の「これをえらぶ」の画像**を少し左に移動させます。

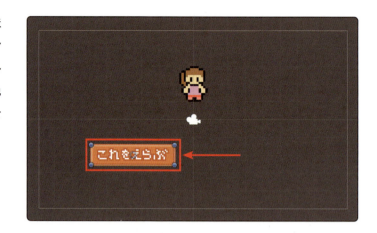

20 ［プロジェクトウィンドウ］の select_1（青い「これをえらぶ」の画像）を［シーンビュー］にドラッグ＆ドロップし、**［コンポーネントを追加］**から、Box Collider 2D をアタッチします。

21 このボタンに［コンポーネントを追加］から、On Mouse Down Switch Scene をアタッチし、［Scene Name］に「gameover」と入力します。

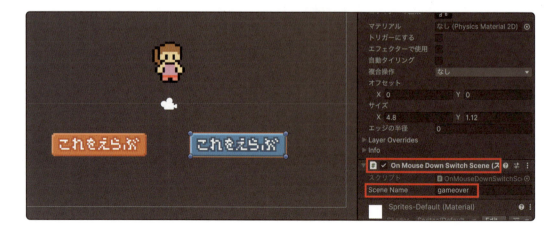

22 これで完成です。[Play]ボタンで実行してみましょう。**オレンジ色のボタン**をクリックすると**ごちそうのシーン**に、**青いボタン**をクリックすると**ゲームオーバーのシーン**に切り換わるようになりました。

このしくみを使えば、「**運試しのゲーム**」も作れますし、切り換わった先のシーンで、違うゲームステージを用意しておけば、「**ステージの選択**」も作ることができます。

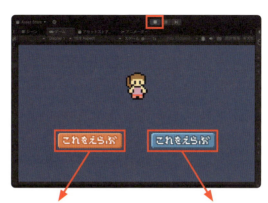

スクリプトの解説

 以下が、「**タッチしたら、シーンを切り換える（ On Mouse Down Switch Scene ）**」スクリプトだ。

入力プログラム（OnMouseDownSwitchScene.cs）

```
1  using System.Collections;
2  using System.Collections.Generic;
3  using UnityEngine;
4  using UnityEngine.SceneManagement;      // シーン切り換えに必要
5
```

▶次ページに続きます

```
 6    // タッチすると、シーンを切り換える
 7    public class OnMouseDownSwitchScene : MonoBehaviour
 8    {
 9      //------------------------------------
10      public string sceneName;   //[シーン名]
11      //------------------------------------
12
13      void OnMouseDown() // タッチしたら
14      {
15          SceneManager.LoadScene(sceneName); // シーンを切り換える
16      }
17    }
```

このスクリプトで重要な部分を見てみよう。
まず、切り換え先のシーン名を設定しておく。

```
10    public string sceneName;   //[シーン名]
```

そして、タッチされたら、`SceneManager.LoadScene()` を使って、指定されたシーンに切り換えるんだ。

```
13    void OnMouseDown() // タッチしたら
14    {
15        SceneManager.LoadScene(sceneName); // シーンを切り換える
16    }
```

書式：指定したシーンに切り換える

```
using UnityEngine.SceneManagement;
SceneManager.LoadScene(<シーン名>);
```

8
重力を使う
ゲーム

ここからは横スクロールゲームを作りましょう。現実世界と同じように重力を有効にして、オブジェクトが落ちてきたり、主人公がジャンプしたりできるようにしたり、カメラの設定を変更する必要がありますよ。

> 現実と
> 同じように
> 重力のある
> 世界を
> 作りましょう

CHAPTER 8.1
重力は、ずっと下向きにかかる力

ずっと、下向きに力が加わる

今回は、「**横スクロール型アクション2Dゲーム**」を作ってみましょう。重力を使ったゲームです。

Chapter 5では、**重力スケールを「0」**にして、上下左右に自由に移動できるようにしましたが、今回は重力をそのままの状態にして、現実世界と同じように動かします。左右に移動することはできますが、そのまま上には移動できません。上に移動したいときは、**強い力**を与えてジャンプします。

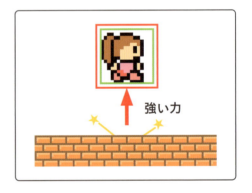

新しいシーンを追加する

まずは、**新しいシーン**を作ります。

1 メニュー［**ファイル →
新しいファイル**］を選
択。［**作成**］ボタンで
新しいシーンを作り、
メニュー［**ファイル →
保存**］で、［**Scenes**］
フォルダを選択し、
「**chap8**」と入力して、
［**Save**］しましょう。

ハンバーガー出現魔法を作ろう

まずは、「**物理エンジンがどのように動くのか？**」を理解するために、たくさんのオブジェクトを登場させて、オブジェクト同士の相互作用がわかるようなものを作ってみましょう。タッチしたところにハンバーガーが出現する「**ハンバーガー出現魔法**」です。

2 まずは床を作りましょう。［プロジェクトウィンドウ］から **block_00**（レンガの画像）を［シーンビュー］にドラッグ＆ドロップし、**Sprite Renderer** の［**描画モード**］を「**タイル**」に変更して横に引き伸ばします。

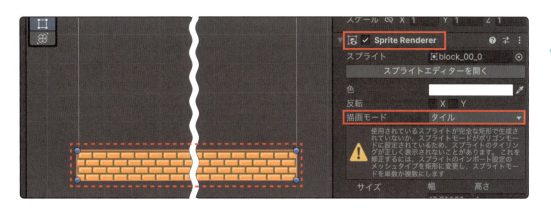

3 ［**コンポーネントを追加**］から、**Box Collider 2D** をアタッチして、［**自動タイリング**］のチェックを**オン**にしましょう。これで床ができました。

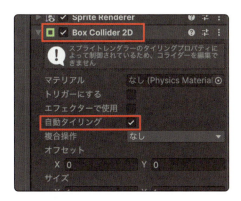

4 魔法で出現するハンバーガーを作りましょう。［プロジェクトウィンドウ］から **item_06**（ハンバーガーの画像）を［シーンビュー］にドラッグ＆ドロップし、［**コンポーネントを追加**］から、**Rigidbody 2D** と **Box Collider 2D** をアタッチします。

5 ハンバーガーは大量に出現させたいので、**このハンバーガーをプロジェクトに登録**します。［ヒエラルキーウィンドウ］の item_06_0（ハンバーガー）を［プロジェクトウィンドウ］の［Assets］の下にドラッグ＆ドロップします。ハンバーガーがプロジェクトに登録されたこの状態を「**プレハブ**」と呼びます。プレハブについて、詳しくは次のChapter 9で解説しますが、今はこのまま進めていきましょう。

6 **ハンバーガー**をプレハブにしたので、シーン上のハンバーガーは削除して大丈夫です。[ヒエラルキーウィンドウ] の item_06_0 を選択し、メニュー [**編集 → 削除**] を選択します。

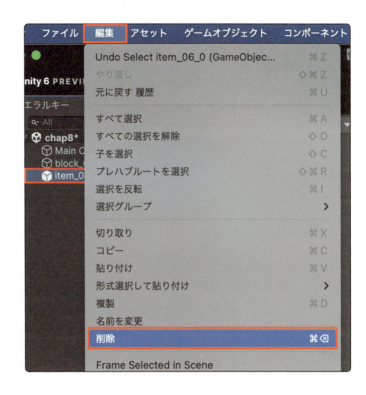

7 さあ、**ハンバーガー出現魔法**を作りましょう。[ヒエラルキーウィンドウ] の [**Main Camera**] を選択し、[**コンポーネントを追加**]、[**検索欄**] で「onm」と入力して、**On Mouse Down Create Prefab** をアタッチします。

8 **On Mouse Down Create Prefab** の [**New Prefab**] の「◎」をクリックし、「**アセット**」をクリックしてから、**item06_0** をダブルクリックします。

⑨ [Play] ボタンで実行しましょう。画面をタッチすると、そこにハンバーガーが出現して落下して、どんどん積み上がっていきます。これで、**複数のオブジェクトが物理的に相互作用しながら動く様子**がわかりますね。

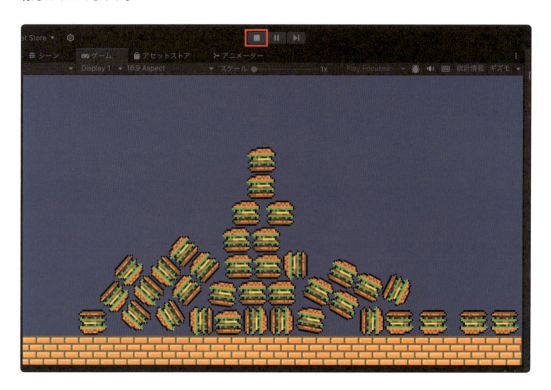

CHAPTER 8.2
「左右キーで移動、スペースキーでジャンプ」

横スクロールアクションゲームの主人公の動きを作ります

左右キーで移動、スペースキーでジャンプ

物理的な動きがわかったところで、今度は**横スクロール型アクションゲーム**を作っていきましょう。まずは「**左右キーで移動、スペースキーでジャンプする（ On Key Press Move Gravity ）**」スクリプトを使って、主人公を作ります。

スクリプトの説明

スクリプト名	On Key Press Move Gravity	
スクリプトの目的	左右キーを押すと移動し、スペースキーを押すとジャンプする	
プロパティ	Jump Key	ジャンプに使用するキー（デフォルト：Jump「SPACE」）
	速度（Speed）	左右移動の速度（デフォルト：5）
	Jumppower	ジャンプの強さ（デフォルト：8）
	Check Distance	地面との接触を確認する距離（デフォルト：0.1）
	Foot Offset	地面チェックの開始位置調整（デフォルト：0.01）

このスクリプトは、**横スクロールアクションゲームの主人公専用**のスクリプトです。アタッチすると、左右キーでキャラクターを左右に移動させ、スペースキーでジャンプさせることができます。

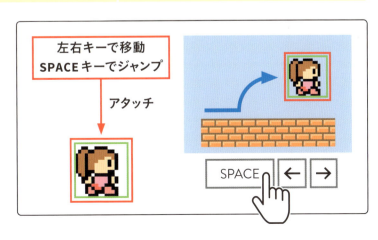

そして、**空中でスペースキーを押したときにジャンプすることができないように、足の下を調べて、足の下が他のオブジェクトに触れているときだけジャンプするようにしました。**

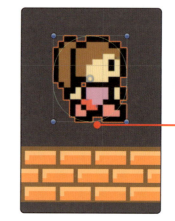

ここが他のオブジェクトに触れているか調べる

 軽快にジャンプできるように調整して作成しましたが、もしもコンピューターの処理が遅くてうまくジャンプできないときは、インスペクターウィンドウの On Key Press Move Gravity のパラメータを以下のように調整を試してみてください。

1. うまくジャンプできないとき：
   Check Distanceの値を大きくして、調べる範囲を大きくする（例：`0.5f`に設定）
2. 空中なのにジャンプできてしまうとき：
   Foot Offsetの値を大きくして、調べる位置を自分から少し離す（例：`0.1f`に設定）

作ってみよう

10 ［プロジェクトウィンドウ］の、`player2R_0`（右向き女の子の画像）を［シーンビュー］にドラッグ＆ドロップし、［コンポーネントを追加］から Rigidbody 2D と、Capsule Collider 2D をアタッチします。

11 [ツールパネル] の一番下に [コライダージオ
メトリを編集] ボタンが表示されているので、
これをクリックし、Capsule Collider 2D の
左右の点をつまんで、体にフィットするように
調整しましょう。ゲームはギリギリセーフだっ
たほうが気持ちよくプレイできるので、うしろ
の髪の毛は衝突判定からはずしましょう。

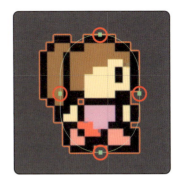

12 [コンポーネントを追加] から、On Key Press Move
Gravity をアタッチします。

13 **空中にある床**も作りましょう。シーン上の床を選択して、メニュー [編集 → 複製] で複製すると、
同じ位置に複製できます。少し上に移動して、サイズを調整しましょう。

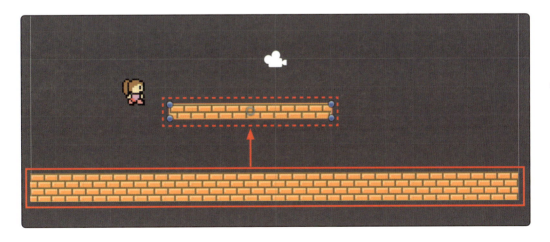

14 [Play] ボタンで実行しましょう。左右キーを押すと左右に移動し、スペースキーを押すとジャン
プします。空中にある床に飛び乗ることもできます。

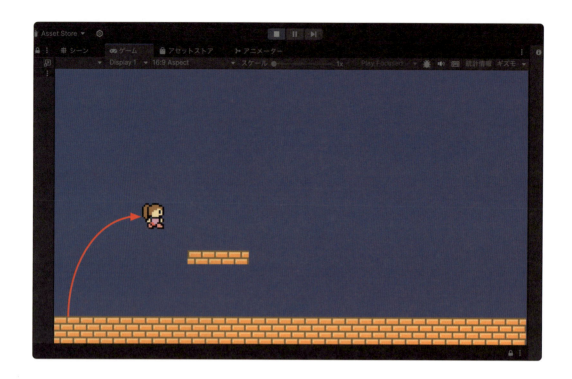

スクリプトの解説

 以下が、「左右キーで移動、スペースキーでジャンプする（ On Key Press Move Gravity ）」スクリプトだ。

入力プログラム（OnKeyPressMoveGravity.cs）

```
1  using System.Collections;
2  using System.Collections.Generic;
3  using UnityEngine;
4
5  // キーを押すと、移動する(ジャンプ版)
6  public class OnKeyPressMoveGravity : MonoBehaviour
7  {
8      //----------------------------------------
9      public InputKey jumpKey = InputKey.Jump; // プルダウンメニューで
   選択するキー
10     public float speed = 5f; //[スピード]
```

```csharp
11    public float jumppower = 8f; //[ジャンプ力]
12    public float checkDistance = 0.1f; //[地面チェックの距離]
13    public float footOffset = 0.01f; //[足の下のオフセット]
14    //---------------------------------------
15    Rigidbody2D rbody;
16    float vx = 0;
17    bool leftFlag;
18    bool isGrounded;
19    bool isJumping = false;
20
21    void Start()
22    {
23        rbody = GetComponent<Rigidbody2D>();
24        rbody.constraints = RigidbodyConstraints2D.
    FreezeRotation;
25    }
26
27    void Update()
28    {
29        // 左右キーで移動
30        vx = 0;
31        vx = Input.GetAxisRaw("Horizontal") * speed;
32        if (vx != 0)
33        {
34            leftFlag = vx < 0;
35        }
36        rbody.linearVelocity = new Vector2(vx, rbody.
    linearVelocity.y);
37        GetComponent<SpriteRenderer>().flipX = leftFlag;
38
39        // 足の下が何かに触れているかを調べる
40        float myHeight = GetComponent<Collider2D>().bounds.
    extents.y;
```

▶次ページに続きます

```
41          float footy = transform.position.y - myHeight -
    footOffset;
42          Vector2 startRay = new Vector2(transform.position.x,
    footy);
43          isGrounded = Physics2D.Raycast(startRay, Vector2.
    down, checkDistance);
44
45          // ジャンプキーが押されて、着地していて、ジャンプ中でなければジャンプ
46          if (Input.GetButtonDown(jumpKey.ToString()) &&
    isGrounded && !isJumping)
47          {
48              isJumping = true;
49              rbody.AddForce(new Vector2(0, jumppower),
    ForceMode2D.Impulse);
50          }
51          if (rbody.linearVelocity.y <= 0)
52          {
53              isJumping = false; // 上昇をやめたらジャンプ中を解除
54          }
55      }
56  }
```

このスクリプトで重要な部分を見てみよう。

まずはジャンプするキーを指定する。デフォルトでは、デフォルトの**Jump**は**スペースキー**で
ジャンプできる設定だ。しかし、このキー設定は変更することができるぞ。例えば、**Fire1**（左の**Ctrl**
キー）、**Fire2**（左の**Alt**キー）、**Fire3**（左の**Shift**キー）、**Submit**（スペースキーまたは Enter キー）に変
更することが可能だ。

```
9       public InputKey jumpKey = InputKey.Jump;  // プルダウンメニュー
    で選択するキー
```

この部分で左右キーの入力に移動速度をかけて、横方向の移動量を設定している。

```
31              vx = Input.GetAxisRaw("Horizontal") * speed;
            // 省略...
36              rbody.linearVelocity = new Vector2(vx, rbody.
    linearVelocity.y);
```

 Physics2D.Raycast を使うとオブジェクトが「**地面に接しているか**」を調べられる。キャラクターの足の下から短い光線（レイ）を下に飛ばし、それが何かに当たれば地面に接していると判断しているのだ。

```
43              isGrounded = Physics2D.Raycast(startRay, Vector2.
    down, checkDistance);
```

そしてこの部分で、ジャンプ処理を行っている。
ジャンプキーが押され、かつ地面に接していて（ `isGrounded` ）、まだジャンプ中でない場合に、`rbody.AddForce` で上向きの力を加えてジャンプさせるのだ。

```
46              if (Input.GetButtonDown(jumpKey.ToString()) &&
    isGrounded && !isJumping)
47              {
48                  isJumping = true;
49                  rbody.AddForce(new Vector2(0, jumppower),
    ForceMode2D.Impulse);
50              }
```

> いろいろな
> しかけの
> ある床を
> 作りましょう

CHAPTER
8.3
動く床、乗って動く床、すり抜ける床

動く床

ゲームにはいろいろな**しかけのある床**が登場しますね。まずは、「**上下に往復する床**」を作ってみましょう。

「**ずっと、垂直に往復移動する（ Ping Pong Move V ）**」スクリプトを床にアタッチすると、「**上下に往復する床**」が作れます。

スクリプトの説明

スクリプト名	Ping Pong Move V	
スクリプトの目的	オブジェクトを垂直方向に行ったり来たりさせる	
プロパティ	速度（Speed）	1秒間に進む距離（デフォルト：1）
	Move Time	方向転換までの時間（デフォルト：2.0秒）

 このスクリプトをアタッチすると、オブジェクトが垂直方向（上下）に一定の速度で移動し、設定した時間が経過すると自動的に方向を反転します。これにより、「**行ったり来たり**」の動きを実現することができます。

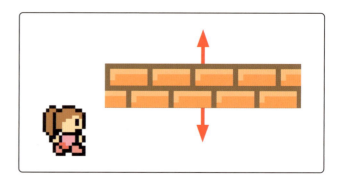

このスクリプトは、「**エレベーターのように上下に動く床**」や「**巡回する敵キャラクター**」などに使えます。

作ってみよう

15 **空中にある床**を選択して、メニュー **［編集 → 複製］** で複製し、横に移動させます。

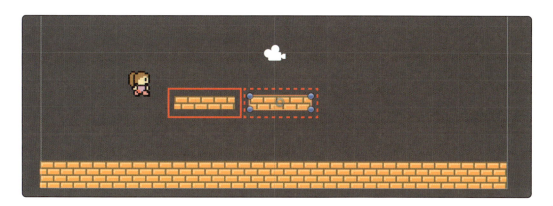

16 **［コンポーネントを追加］** から、**Rigidbody 2D** と、**Ping Pong Move V** をアタッチします。

17 **［Play］ボタン**で実行しましょう。床が上下に往復移動します。

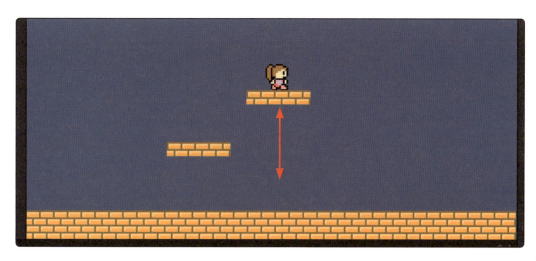

スクリプトの解説

 以下が、「**行ったり来たり移動する（垂直）**」スクリプトだ。

入力プログラム（PingPongMoveV.cs）

```csharp
using System.Collections;
using System.Collections.Generic;
using UnityEngine;
// 行ったり来たり移動する(垂直)
public class PingPongMovev : MonoBehaviour
{
    //--------------------------------------
    public float speed = 1.0f; //[速度]
    public float moveTime = 2.0f; //[移動時間]
    //--------------------------------------
    Rigidbody2D rbody;
    private float timer = 0.0f;
    void Start ()
    {
        // 重力や外力の影響を受けずにスクリプトで移動
        rbody = GetComponent<Rigidbody2D>();
        rbody.bodyType = RigidbodyType2D.Kinematic;
    }
    void Update()
    {
        timer += Time.deltaTime;
        if (timer >= moveTime)
        {
            speed = -speed; // 方向転換
            timer = 0.0f;
        }
        transform.Translate(Vector2.up * speed * Time.deltaTime);
```

```
28        }
29    }
```

このスクリプトで重要な部分を見てみよう。

まず、ゲーム開始時に、床オブジェクトを **Kinematic** に設定して、重力や外からの影響を受けずに移動できるようにしている。「**Kinematic モード**」は、「半分無敵モード」みたいな面白い状態だ。「自分は重力の影響を受けずに動くけれど、他の物体には物理的に押しのける」という特殊な動きができるんだ。

```
13    void Start ()
14    {
15        // 重力や外力の影響を受けずにスクリプトで移動
16        rbody = GetComponent<Rigidbody2D>();
17        rbody.bodyType = RigidbodyType2D.Kinematic;
18    }
```

次の部分で、一定時間ごとに上下に往復する処理を行っている。直前のフレームから現在のフレームまでに経過した時間、**Time.deltaTime** で **timer** に経過時間を加算していって、向きを変える時間（ **moveTime** ）を過ぎたら、**speed** を反転させて向きを変えて移動させている。

```
19    void Update()
20    {
21        timer += Time.deltaTime;
22        if (timer >= moveTime)
23        {
24            speed = -speed; // 方向転換
25            timer = 0.0f;
26        }
27        transform.Translate(Vector2.up * speed * Time.
    deltaTime);
28    }
```

🐸 乗って動く床

主人公が動く床に飛び乗ったら、床と一緒に動いて欲しいですよね。そこで「**接触したオブジェクトを乗せながら移動する床（ Ping Pong Ridable Floor ）**」スクリプトを使って、「**乗ったら一緒に動く床**」を作りましょう。

スクリプトの説明

スクリプト名	Ping Pong Ridable Floor	
スクリプトの目的	水平方向に行ったり来たりする、乗れる床を作成する	
プロパティ	速度（Speed）	1秒間に進む距離（デフォルト：1）
	Move Time	方向転換までの時間（デフォルト：2.0秒）

 このスクリプトをアタッチすると、オブジェクトが水平方向に**行ったり来たりする動く床**になります。この床は乗ったオブジェクトを床と一緒に動かすことができます。

このスクリプトは、「**プレイヤーが乗って移動する足場**」や「**敵キャラクターを乗せて動かす障害物**」や「**タイミングよくジャンプする必要がある動く足場**」などに使えます。

作ってみよう

18 **空中にある床**を選択して、メニュー**［編集 → 複製］**で複製し、ななめ横に移動させます。

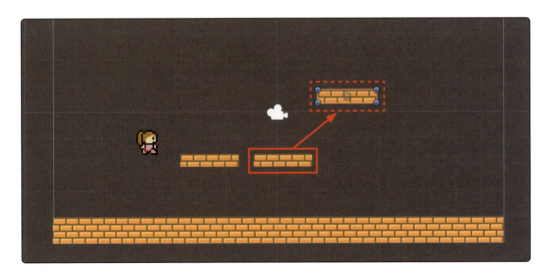

⑲ [コンポーネントを追加] から、Rigidbody 2D と、Ping Pong Ridable Floor をアタッチします。

⑳ [Play] ボタンで実行しましょう。床に乗ると**主人公**も一緒に横に移動します。

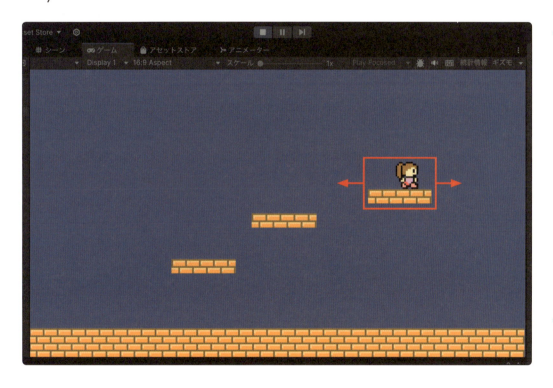

上にすり抜ける壁

空中にある床は、下からジャンプして乗ろうとすると床と衝突して乗ることができません。ですが、2Dゲームでは床の**下からジャンプすると上にあがれて、着地すると「衝突」して乗れる不思議な床が登場**します。ゲームの中で、すぐ上にのぼっていきたいときにとても便利な床です。

Unityの **Platform Effector 2D** を使うと、この **「上にすり抜ける床」** を作れるので、試してみましょう。

181

㉑ **空中にある床を選択し、[コンポーネントを追加]から、Platform Effector 2D** をアタッチします。

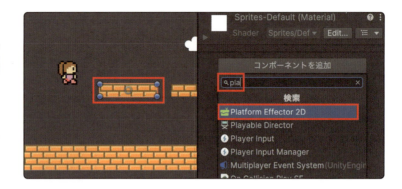

㉒ 次に、[インスペクターウィンドウ]の **Box Collider 2D** の[エフェクターで使用]のチェックをオンにします。これで、**上にすり抜ける床**ができました。

㉓ [Play]ボタンで実行しましょう。**上にすり抜ける床**の下からジャンプすると上にすり抜けて、着地したとき床に乗ることができます。

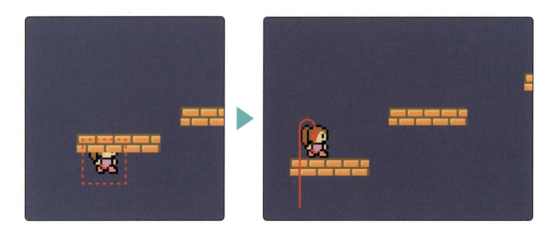

水の塊

2Dゲームには**水中を泳ぐようなシーン**もあります。 Platform Effector 2D に似た機能の Buoyancy Effector 2D を使うと、「水の塊」を作れるのでさっそく試してみましょう。

24 ［プロジェクトウィンドウ］の、block_06（水の画像）を［シーンビュー］にドラッグ＆ドロップし、Sprite Renderer の［描画モード］を「**タイル**」に変更して縦横に引き伸ばします。

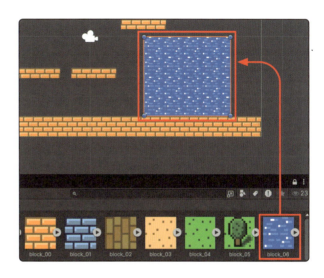

25 ［インスペクターウィンドウ］の Transform の［Z］の値を「**3**」に変更します。主人公はこの水の画像の手前で浮かぶため、奥に表示させる必要があるからです。

26 ［コンポーネントを追加］から、Box Collider 2D と Buoyancy Effector 2D をアタッチします。［インスペクターウィンドウ］の Box Collider 2D で、［**トリガーにする**］と［**エフェクターで使用**］と［**自動タイリング**］の3つのチェックをオンにします。 Buoyancy Effector 2D を使うと、浮力などシンプルな流動体の挙動を設定できます。

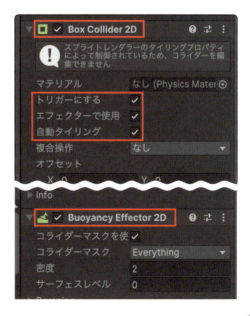

27 「**水面（サーフェースレベル）**」が真ん中にあるので、調整しましょう。画像があるとわかりにくいので、**Sprite Renderer** の左の**チェックをオフ**にしましょう。すると、画像が消えて、枠線と真ん中の線だけが表示されます。この枠線が「水の塊の空間」を表しているのですが、真ん中の線が「水面を表す線」なので、この線から上が空気、下が水を表しています。

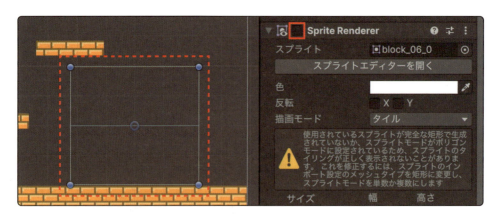

28 **Buoyancy Effector 2D** の**[密度]**は浮かびやすいように「**5**」に変更しておきます。**[サーフェスレベル]の文字**を左右にドラッグすると、[サーフェスレベル]の右の数値が増減し、この数値にあわせてシーン上の[水面を表す線]も上下に移動します。この枠線内すべてを水で満たしたいので、[水面を表す線]を枠線の一番上まで移動させましょう。

29 **Sprite Renderer** の左の**チェックをオン**にすると、水の画像が表示されます。

30 [Play] ボタンで実行しましょう。水の中に飛び込むと、浮力で上に浮かび上がり、水面に顔を出すことができます。

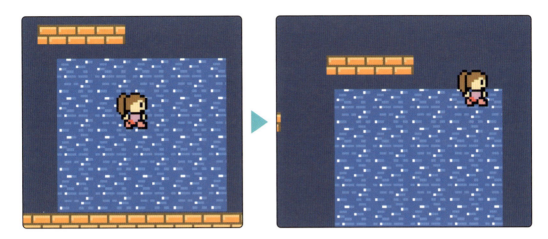

― スクリプトの解説 ―

 以下が、「**行ったり来たり移動する（乗って動く床）**」スクリプトだ。

入力プログラム（PingPongRidableFloor.cs）

```
1  using System.Collections;
2  using System.Collections.Generic;
3  using UnityEngine;
4  // 行ったり来たり移動する(乗って動く床)
5  public class PingPongRidableFloor : MonoBehaviour
6  {
7      //---------------------------------------
8      public float speed = 1.0f; //[速度]
9      public float moveTime = 2.0f; //[移動時間]
10     //---------------------------------------
11     Rigidbody2D rbody;
12     private float timer = 0.0f;
13     private List<GameObject> childObjects = new
   List<GameObject>();
```

▶次ページに続きます

```csharp
    void Start ()
    {
        // 重力や外力の影響を受けずにスクリプトで移動
        rbody = GetComponent<Rigidbody2D>();
        rbody.bodyType = RigidbodyType2D.Kinematic;
    }

    void Update()
    {
        timer += Time.deltaTime;
        if (timer >= moveTime)
        {
            speed = -speed; // 方向転換
            timer = 0.0f;
        }
        CheckRemove(); // 接触しなくなったら、一緒に移動を解除
        transform.Translate(Vector2.right * speed * Time.
deltaTime);
    }

    // 接触したら、一緒に移動
    private void OnCollisionEnter2D(Collision2D other)
    {
        childObjects.Add(other.gameObject);
        other.gameObject.transform.parent = transform;
    }

    // 接触しなくなったら、一緒に移動を解除
    private void CheckRemove()
    {
        List<GameObject> removeList = new List<GameObject>();
        foreach (GameObject obj in childObjects)
        {
```

```
47          Collider2D childCol = obj.
   GetComponent<Collider2D>();
48          Collider2D floorCol = GetComponent<Collider2D>();
49          if (!Physics2D.IsTouching(childCol, floorCol))
50          {
51              obj.transform.parent = null;
52              removeList.Add(obj);
53          }
54      }
55      foreach (GameObject obj in removeList)
56      {
57          childObjects.Remove(obj);
58      }
59   }
60 }
```

このスクリプトで重要な部分を見てみよう。

まず、ゲーム開始時に、床オブジェクトを **Kinematic** に設定して、重力や外からの影響を受けずに移動できるようにしている。

```
15      void Start ()
16      {
17          // 重力や外力の影響を受けずにスクリプトで移動
18          rbody = GetComponent<Rigidbody2D>();
19          rbody.bodyType = RigidbodyType2D.Kinematic;
20      }
```

次の部分で、一定時間ごとに左右に往復する処理を行っている。

```
22      void Update()
23      {
24          timer += Time.deltaTime;
```

▶次ページに続きます

```
25            if (timer >= moveTime)
26            {
27                speed = -speed;  // 方向転換
28                timer = 0.0f;
29            }
30            CheckRemove(); // 接触しなくなったら、一緒に移動を解除
31            transform.Translate(Vector2.right * speed * Time.deltaTime);
32        }
```

床に何かが接触したら、`OnCollisionEnter2D` が実行される。このとき、衝突したオブジェクトは `other.gameObject` に入っているので、`childObjects.Add` を使って、「衝突したオブジェクト」を「床のオブジェクト」の子オブジェクトとして追加する。こうすることで、衝突したオブジェクトが床と一緒に動くようになるんだ。

```
35        private void OnCollisionEnter2D(Collision2D other)
36        {
37            childObjects.Add(other.gameObject);
38            other.gameObject.transform.parent = transform;
39        }
```

`CheckRemove()` メソッドでは、接触していたオブジェクトを調べ、もし床から離れていたら、親子関係を解除して自由に動くようにする。

```
42        private void CheckRemove()
43        {
              // 省略...
59        }
```

主人公と
一緒にカメラを
動かして
広いステージを
走らせよう

CHAPTER
8.4
広いステージを
走り回る

広いステージを作る

これまでステージの中にいろいろなしかけを作ったので、ちょっと狭く感じてしまいます。そこで今度は**広い**ステージを作りましょう。

シーン中央にはカメラマークがあります。Chapter 1でも説明した通り、これが［Main Camera］で、周囲にある**白い四角い枠**がこの**カメラが撮影している範囲**です。ところが、シーン自体はこのカメラの範囲の外にも広がっていて、ここにもステージを広げて作ることができるのです。

 カメラの範囲の外にある部分は通常見えないのですが、カメラを**主人公と一緒に移動**させるようにすると、主人公が進むところをカメラも一緒に動いて映すことができるようになります。ここではステージを広く作って、カメラに主人公を追いかけさせましょう。

31 まずは、広いステージを作るために、シーンをズームアウトします。マウスなら、**マウスホイールを回転**、ノートPCの場合は、**マウスパッドを2本指で上下にスライド**させればズームイン＆アウトできます。

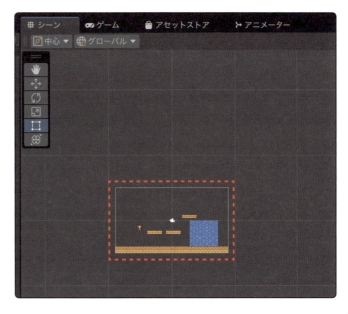

8 重力を使うゲーム

189

32 床を横に延長したり、**空中にある床を複製して広いステージを作りましょう**。さらに、**bg_sunny（晴れの背景画像）**を配置して、**Transform**の**[Z]**の値を「**10**」に変更して一番奥に表示させます。

 追いかけるカメラをアタッチ

[Main Camera]に、「**カメラが主人公を追いかける（ Camera Manager ）**」スクリプトをアタッチして、**[プレイヤー]**プロパティに、「**主人公**」を設定すると、カメラが主人公を追いかけるようになります。

スクリプトの説明

スクリプト名	Camera Manager	
スクリプトの目的	このカメラが、指定したオブジェクトを追いかける	
プロパティ	プレイヤー（Player）	追いかける主人公オブジェクト
	オフセット（Offset）	オブジェクトの位置の調整
	Xlimit	カメラがこの値より左に行かないように制限
	Follow H Only	水平移動のみ追跡するかどうか（デフォルト：true）
	Smooth Follow	カメラの追跡を滑らかにするかどうか（デフォルト：false）
	Smooth Speed	カメラの滑らかな追跡の度合い（デフォルト：4.0）

このスクリプトをカメラにアタッチすると、**カメラが主人公を追いかける**ようになります。カメラの動きを細かく調整できる機能があり、ゲームの見た目や操作感を大きく向上させることも可能です。

このスクリプトは、「**横スクロールアクションゲームのカメラワーク**」や「**広いマップを探索するRPGのカメラ**」などに使えます。

作ってみよう

33 ［ヒエラルキーウィンドウ］の［Main Camera］を選択し、[コンポーネントを追加]から、Camera Manager をアタッチします。

34 ［インスペクターウィンドウ］で、プレイヤープロパティの「◎」をクリックし、[シーン]の player2R_0 をダブルクリックして設定します。これで、カメラが主人公を追いかけて動くようになります。

35 このまま右に移動すると、**晴れの背景画像**がすぐ足りなくなってしまいます。これを防ぐためには、「**背景画像を範囲全体に置く**」か、「**背景画像をカメラと一緒に動かす**」必要があります。ここでは後者の方法で対応してみましょう。［ヒエラルキーウィンドウ］で、**bg_sunny_0** を［Main Camera］の真上にドラッグ&ドロップします。すると、**背景画像がカメラの子どもになって、一緒に動くようになります**。

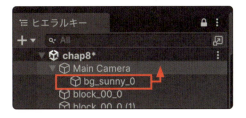

36 [Play] ボタンで実行しましょう。右に移動するとカメラもついてきて、広いステージを走れるようになります。マリオのような**横スクロールアクションゲーム**を作ることができそうですね。

37 ただし、このままだと画面の高さより上には移動できません。上方向に移動できるゲームを作りたい場合は、[インスペクターウィンドウ] の [Follow H Only] プロパティの**チェックをオフ**にしましょう。すると、カメラが**水平だけでなく、垂直にも追いかけてくれる**ようになります。

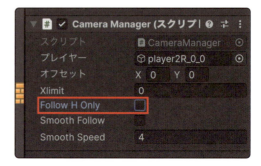

38 [Play] ボタンで実行しましょう。上に移動するとカメラもついてきて、ステージの上の方を表示するようになり、地面が画面の下に消えて見えなくなります。ですが、下に移動すれば再び地面が表示されます（ただし背景はカメラについてくるので上下移動はしません）。つまり、このカメラを使えば、**高さのあるステージ**を作ることができます。

ここで作ったゲームは、**Chapter 10** で再利用しますよ。

スクリプトの解説

 以下が、「**カメラが動くものを追いかける**」スクリプトだ。

入力プログラム（CameraManager.cs）

```csharp
using UnityEngine;
// カメラが動くものを追いかける
public class CameraManager : MonoBehaviour
{
    //-------------------------------------
    public GameObject player; //[プレイヤー]
    public Vector2 offset; //[オフセット]
    public float xlimit = 0; //[X軸制限]
    public bool followHOnly = true; //[水平追跡のみ]
    public bool smoothFollow = false; //[滑らかフラグ]
    public float smoothSpeed = 4f; //[滑らか度]
    //-------------------------------------
    void LateUpdate() {
        if (player == null) return; // プレイヤーがいないなら終了
        Vector3 playerPos = player.transform.position;
        Vector3 desiredPos;
        float vx = playerPos.x + offset.x;
        float vz = transform.position.z;
        if (vx < xlimit) vx = xlimit;
        if (followHOnly)
        {
            desiredPos = new Vector3(vx, transform.position.y, vz);
        }
        else
        {
            desiredPos = new Vector3(vx, playerPos.y + offset.y, vz);
```

▶次ページに続きます

```
27              }
28              if (smoothFollow)
29              {
30                  Vector3 smoothedPos = Vector3.Lerp(transform.position,
31                                  desiredPos, smoothSpeed * Time.deltaTime);
32                  transform.position = smoothedPos;
33              }
34              else
35              {
36                  transform.position = desiredPos;
37              }
38          }
39      }
```

 このスクリプトの重要な部分を見ていこう。

この部分で、カメラを移動させている。`LateUpdate` 関数はすべての `Update` が呼ばれた後に実行されるので、カメラの動きがスムーズにできるんだ。そうでないと、画面が移動したあとで他のゲームオブジェクトが移動したりすると、画面の動きがガクガクしてしまうからね。

```
13      void LateUpdate() {
 ⋮          // 省略...
38      }
```

そもそもこのスクリプトは、「右に進む横スクロールアクションゲーム」を想定しているんだが、スタート地点から左には戻ったりできないようにしている。

それがこのif文だ。カメラが `xlimit` 以上に左に行かないように宣言をかけているんだ。

```
19          if (vx < xlimit) vx = xlimit;
```

次のif文「 `if (followHOnly)` 」では、「カメラが水平方向（X軸）だけを追いかけるか、上下方向（Y軸）にも追いかけるか」の判断をしている。

`followHOnly` が `true` の場合は、カメラのY座標は変更せずに、左右方向（X軸）だけでプレイヤーを追いかけるようにしている。それが「 `desiredPos = new Vector3(vx, transform.position.y, vz);` 」だ。Y座標には現在のカメラのY座標（ `transform.position.y` ）を入れ直して、もとのカメラと同じY座標になるようにしているんだ。

`followHOnly` が `false` の場合は、カメラの左右方向（X軸）だけでなく、Y方向にも主人公を追いかけるようにしている。それが「 `desiredPos = new Vector3(vx, playerPos.y + offset.y, vz);` 」だ。ただし、ここでは主人公のY座標（ `playerPos.y` ）に オフセット（ `offset.y` ）を加えたものをY座標に設定している。基本的にY方向に主人公を追いかけるようにしているが、希望があれば主人公が常に画面のど真ん中に来ないように、カメラの位置を少しずらせるようにもしているのだ。横スクロールアクションゲームでは、基本的に主人公は地面の上を走っていくが、主人公の下（地面の下）よりも、主人公の上（地面の上）のほうが広く表示されているほうがゲームがしやすい。そういう場合、 `offset.y` に値を入れてカメラの位置を補正することができるんだ。例えば `offset` のYに「3」を入れると、カメラが上の方を3マス分広く表示させることができるんだ。

```
20       if (followHOnly)
21       {
22           desiredPos = new Vector3(vx, transform.position.y, vz);
23       }
24       else
25       {
26           desiredPos = new Vector3(vx, playerPos.y + offset.y, vz);
27       }
```

その次のif文「 `if (smoothFollow)` 」では、「カメラが主人公を追いかけるときに滑らかに追いかけるか、ぴったりくっついて追いかけるか」の判断をしている。

`smoothFollow` が `true` の場合は、カメラが少し遅れて滑らかに主人公を追いかけるようになる。それが「 `Vector3.Lerp(transform.position, desiredPos, smoothSpeed *`

Time.deltaTime);」の部分だ。 Lerp（線形補間）命令を使って、現在のカメラの位置（ transform.position ）と目標位置（ desiredPos ）の間を少しずつ移動させ、 smoothSpeed で設定された速さで追いつくようにしているんだ。これにより、カメラが自然でスムーズな動きになる。

smoothFollow が false の場合は、カメラが主人公をぴったりくっついて追いかけるようになる。それが「 transform.position = desiredPos; 」の部分だ。ここでは、カメラの位置を直接 desiredPos に設定して、常に主人公の位置を使って移動するようにしている。つまり、カメラが主人公と一緒に動いているような見え方になるのだ。

```
28        if (smoothFollow)
29        {
30            Vector3 smoothedPos = Vector3.Lerp(transform.
   position,
31                           desiredPos, smoothSpeed * Time.
   deltaTime);
32            transform.position = smoothedPos;
33        }
34        else
35        {
36            transform.position = desiredPos;
37        }
```

9 プレハブでたくさん作る

オブジェクトにコンポーネントやスクリプトをアタッチした状態で「プレハブ化」すると、それをもとに同じオブジェクトを複数作ることができます。もとのプレハブに変更を加えることで、複製したオブジェクトにも一括で反映できる便利な機能です。

CHAPTER 9.1
プレハブは、カスタムオブジェクト

> ゲーム実行後に登場するオブジェクトはプレハブで作ります

あとから登場させるオブジェクトをプレハブで作る

これまではシーン上に直接オブジェクトを配置して最初から登場させていました。しかしこの作り方では、後からゲームオブジェクトをシーンに登場させるということができません。
ゲーム開始後に敵がどんどん増えたり、敵やプレイヤーがミサイルを発射するように、**オブジェクトを後から登場させたいとき**は、これまでとは別の方法を使います。それが「**プレハブ**」です。

 例えば、これまで作ってきた**動くキャラクター**のようなオブジェクトは、画像をシーンに配置してそこに **Rigidbody 2D** や **Box Collider 2D**、**移動するスクリプト**などをアタッチして作っていました。
この**動くキャラクター**をまとめて［プロジェクトウィンドウ］に登録して部品化したものが**プレハブ**です。

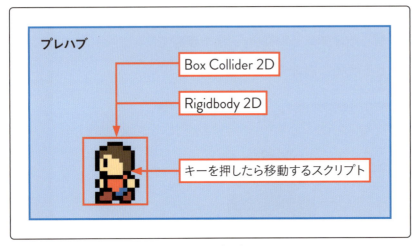

プレハブはオブジェクトとコンポーネントを1つにまとめて部品化したもの

オブジェクトをプレハブ化する方法は簡単。シーン上に作ったオブジェクトは、[ヒエラルキーウィンドウ]にも表示されています。この[ヒエラルキーウィンドウ]に表示されている名前を[プロジェクトウィンドウ]にドラッグ＆ドロップするだけで、簡単にプレハブ化できます。

9 プレハブでたくさん作る

CHAPTER
9.2
「タッチしたら、プレハブ登場」

> タッチしたところにオブジェクトを登場させるしくみを作ります

新しいシーンを追加する

プレハブの作り方は、まず**機能するオブジェクトを作る**ところからはじめます。新しいシーンを作りましょう。

1 メニュー［**ファイル → 新しいファイル**］を選択。［**作成**］ボタンで新しいシーンを作り、メニュー［**ファイル → 保存**］で［**Scenes**］フォルダを選択し、「chap9」と入力して、［**Save**］します。

往復するオブジェクトをプレハブで作る

ここでは、例として**うろうろするオバケ**を作りプレハブ化してみます。

2 ［プロジェクトウィンドウ］から **obake_0**（オバケの画像）を［シーンビュー］にドラッグ＆ドロップし、［コンポーネントを追加］から、**Forever Move H** と、**Sometime Flip** をアタッチします。

3 [ヒエラルキーウィンドウ]の **obake_0_0（うろうろするオバケ）** を、[プロジェクトウィンドウ]の「Assets」の下にドラッグ＆ドロップします。これでプレハブが作れました。

4 この**うろうろするオバケ**のプレハブはこのままシーン上で使用できます。シーン上にプレハブをいくつかドラッグ＆ドロップして、**[Play] ボタン**で実行してみましょう。オバケがそれぞれうろうろと動きます。

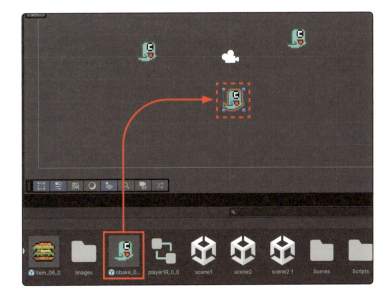

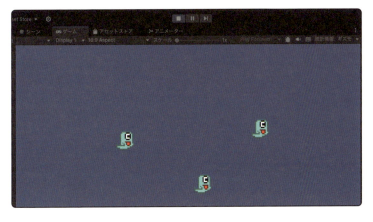

タッチしたらプレハブを作る

このプレハブをスクリプトで登場させてみましょう。「**タッチした位置に、プレハブを作る（ On Mouse Down Create Prefab ）**」スクリプトを使うと、「**タッチすると、オバケが出現するしかけ**」を作ることができます。Chapter 8 の、ハンバーガー出現魔法で使ったのと同じスクリプトです。

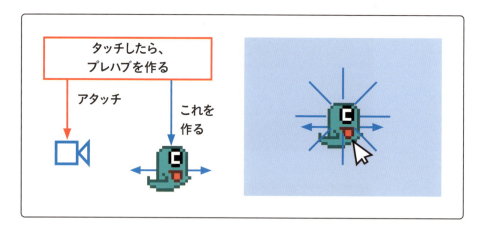

スクリプトの説明

スクリプト名	On Mouse Down Create Prefab	
スクリプトの目的	シーンをタッチすると、その位置に指定したプレハブを作成する	
プロパティ	New Prefab	作るプレハブのオブジェクト
	New Z	作るプレハブのZ座標（デフォルト：-5）

このスクリプトをオブジェクトにアタッチすると、**画面をタッチしたところに、指定したプレハブを作る**ことができます。「**タッチした場所に、花を咲かせるガーデニング**」や「**タッチした位置に建物を建設する街づくり**」などにも使えますね。

作ってみよう

1 シーン上の**うろうろするオバケ**は不要なので、選択して、メニュー［**編集 → 削除**］で削除しておきましょう。

6 [ヒエラルキーウィンドウ] の [Main Camera] を選択し、[コンポーネントを追加] から、**On Mouse Down Create Prefab** をアタッチします。

7 [New Prefab] の「◎」をクリックし「**アセット**」をクリックしてから、**obake_0_0** をダブルクリックします。

8 [Play] ボタンで実行しましょう。画面をタッチすればするだけ、**うろうろするオバケ**が登場して画面がオバケだらけになります。

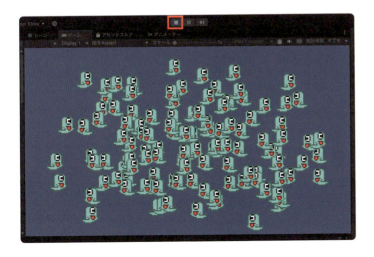

時間が経ったら自分を消去する

最初からシーンにオブジェクトを配置して作ったものと違い、**後から登場するプレハブ**は、このままだと無限に増えていき、ゲームの処理スピードが重くなってしまうため注意が必要です。そこで、「一定時間が経ったら消える」や「画面の外に出たら消える」など、不要になったときに消える処理を追加しておくようにしましょう。

うろうろするオバケにあらかじめ「**時間が経ったら、自分を消去（ On Timeout Destroy Me ）**」スクリプトをアタッチして、しばらく経ったら消えるように修正しましょう。

スクリプトの説明

スクリプト名	On Timeout Destroy Me	
スクリプトの目的	時間切れになると、自分自身を削除する	
プロパティ	Limit Sec	削除されるまでの時間（デフォルト：3秒）

このスクリプトをアタッチすると、**指定した時間が経過したあと、自動的にそのオブジェクトを削除される**ようになります。
「**一定時間後に消える足場**」や「**時間制限のあるアイテム**」や「**爆発アニメーションの自動削除**」などにも使えます。時間が経てば自動的に削除されるので、処理スピードが重くなることも避けられますね。

作ってみよう

9 **プレハブを修正**するので、[プロジェクトウィンドウ]の**うろうろするオバケ**をダブルクリックします。すると、**シーンにオブジェクトが大きく表示**されて、**プレハブモード**になります。

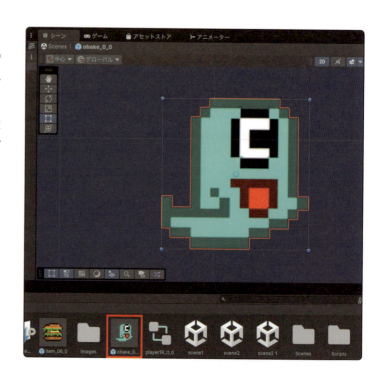

10 [コンポーネント を追加]から、On Timeout Destroy Me をアタッチしま す。プレハブの編 集が終わったら、 [シーンタブ]の [Scenes]をクリッ クしましょう。これ で、通常のシーン モードに戻ります。

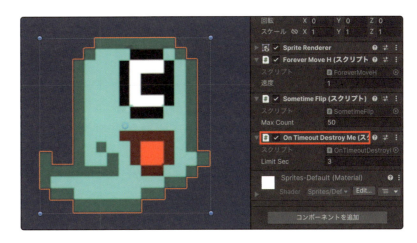

11 [Play]ボタンで実行しましょ う。画面タッチして増やしたオ バケがしばらくするとオバケが どんどん消えていくようになり ます。

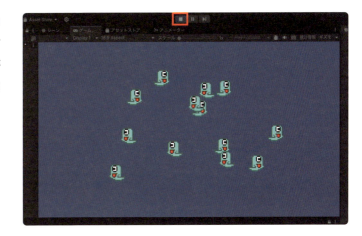

9

プレハブでたくさん作る

スクリプトの解説 ❶

 以下が、「**タッチすると、そこにプレハブを作る**」スクリプトだ。

📄 入力プログラム（OnMouseDownCreatePrefab.cs）

```
1  using System.Collections;
2  using System.Collections.Generic;
```

▶次ページに続きます

205

```
3   using UnityEngine;
4   // タッチすると、そこにプレハブを作る
5   public class OnMouseDownCreatePrefab : MonoBehaviour
6   {
7       //------------------------------------
8       public GameObject newPrefab; //[作るプレハブ]
9       public int newZ = -5; //[描画順]
10      //------------------------------------
11      void Update()
12      {
13          if (Input.GetMouseButtonDown(0))
14          {
15              // タッチした位置をカメラの中での位置に変換して
16              var pos = Camera.main.ScreenToWorldPoint(Input.
    mousePosition + Camera.main.transform.forward);
17              // プレハブを作ってその位置の手前に表示する
18              GameObject newGameObject = Instantiate(newPrefab)
    as GameObject;
19              pos.z = newZ;
20              newGameObject.transform.position = pos;
21          }
22      }
23  }
```

このスクリプトで重要な部分を見てみよう。
「 **public GameObject <オブジェクト名>;** 」と書くと、ゲーム作成時にインスペクターウィンドウに項目が表示され、そこにシーン上のオブジェクトやプレハブをドラッグ＆ドロップで設定できるようになる。設定したオブジェクトは、プログラムからコントロールできるんだ。今回は、ここにプレハブを設定しておいて、プログラムから新しいオブジェクトを作り出すために使うぞ。

```
8       public GameObject newPrefab; //[作るプレハブ]
```

Update() メソッド内で、マウスの左ボタンが押されたかをチェックして、もし押されていたらプレハブを作る処理を行う。

```
11      void Update()
12      {
13          if (Input.GetMouseButtonDown(0))
14          {
                // 省略...
21          }
22      }
```

まず、タッチした2D画面上での位置をゲーム世界の座標に変換する。

```
16              var pos = Camera.main.ScreenToWorldPoint(Input.mousePosition + Camera.main.transform.forward);
```

 そして、**Instantiate(newPrefab)** でプレハブから新しいオブジェクトを作り、出現位置を設定して出現させる。このときZ座標を調整して手前に配置する。

これにより、「**画面をタッチすると、その位置に指定したプレハブオブジェクトが生成される**」を実現しているんだ。

```
18              GameObject newGameObject = Instantiate(newPrefab) as GameObject;
19              pos.z = newZ;
20              newGameObject.transform.position = pos;
```

―――― スクリプトの解説 ❷ ――――

 以下が、「**時間切れになると、自分を削除する**」スクリプトだ。

C# 入力プログラム（OnTimeoutDestroyMe.cs）

```csharp
using System.Collections;
using System.Collections.Generic;
using UnityEngine;
// 時間切れになると、自分を削除する
public class OnTimeoutDestroyMe : MonoBehaviour
{
    //-------------------------------------
    public float limitSec = 3; //[秒数]
    //-------------------------------------
    void Start()
    {
        Destroy(gameObject, limitSec); // 指定秒後に消滅する予約
    }
}
```

このスクリプトの重要な部分を見ていこう。

`Start()` でゲーム開始時に、`Destroy()` 関数を実行しているが、これはすぐに削除するのではなく、指定秒後に削除するように予約をしているのだ。これにより、「**オブジェクトが生成されてから指定時間後に、自動的にそのオブジェクトを削除する**」という処理を行っているんだ。

```csharp
    void Start()
    {
        Destroy(gameObject, limitSec); // 指定秒後に消滅する予約
    }
```

書式：指定した秒数が経ったら、自分を削除する

```csharp
Destroy(gameObject, <何秒後か>);
```

CHAPTER 9.3 「ある範囲にときどき、プレハブ登場」

ある範囲の
どこかから
ときどき
オブジェクトを
登場させます

左右キーで移動する主人公を作る

次は、このプレハブと「**ときどき、ある範囲にランダムにプレハブを作る（Sometime Random Create Prefab）**」スクリプトを使って、「**空から降ってくるタルを避けるゲーム**」を作ってみましょう。
まずは、**左右キーで移動する主人公**を作ります。

12 まず、床を作りましょう。［プロジェクトウィンドウ］から **block_00**（レンガの画像）を［シーンビュー］にドラッグ＆ドロップし、**Sprite Renderer** の［描画モード］を「**タイル**」に変更して横に引き伸ばします。

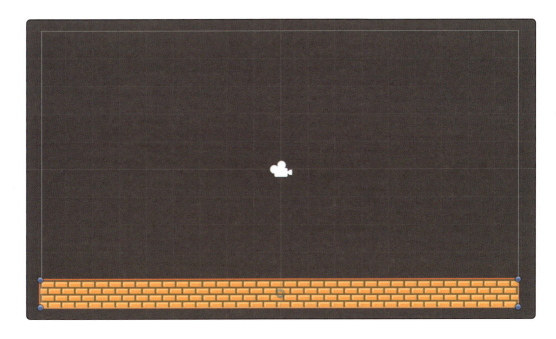

⓭ ［コンポーネントを追加］から、 Box Collider 2D をアタッチして、［自動タイリング］のチェックをオンにしましょう。これで床ができました。

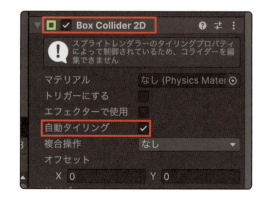

⓮ ［プロジェクトウィンドウ］から、 player1R_0 （右向き男の子の画像）を［シーンビュー］にドラッグ＆ドロップし、［コンポーネントを追加］から、 Rigidbody 2D と、今回は Capsule Collider 2D をアタッチします。

⓯ ［コンポーネントを追加］から、 On Key Press Move Gravity をアタッチします。

⓰ ［Play］ボタンで実行しましょう。左右キーで左右に移動し、スペースキーでジャンプする**主人公**ができました。

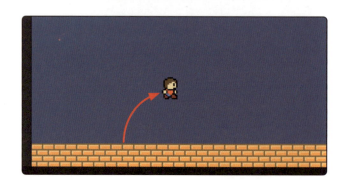

タルに衝突するとゲームオーバーになるしかけ

次に、「**衝突したら、表示する（ On Collision Show ）**」スクリプトを使って、「**主人公とタルが衝突するとゲームオーバーになるしくみ**」を作りましょう。

210

ただし、ここで問題があります。主人公に **On Collision Show** をつけようとしても、プレハブのタルはシーン上に存在していないので、「**タルと衝突したら**」という指定ができません。逆に、プレハブのタル側に **On Collision Show** をつけようとしても、まだシーンに存在していないため、「主人公と衝突したら」や「ゲームオーバーを表示する」という指定ができません。さらに、タルはどんどん増えていってしまいます。

プレハブのように、**後からたくさん登場するものとの衝突を調べる**ときは、そこで「**主人公と敵グループのどれかと衝突したら、ゲームオーバーを表示する**」という方法で調べて、この**グループ名**として**タグ**を使います。シーン上に同じ名前のオブジェクトを複数置くと、名前の最後に「**(1)、(2)...**」という番号が自動的についてしまい、それぞれの名前が少しずつ変わってしまうため、たくさんのオブジェクトとの衝突を調べるのが大変になります。

こんなとき、「タグ」を使うと、名前が違っていても「同じ敵グループ」として扱うことができるようになるのです。例えば、複数の敵に「enemy」という同じタグを付けておけば、「enemyタグの付いたオブジェクトと衝突したら、ゲームオーバー」というような処理が簡単にできるようになります。

名前：`block_09_0(1)`
タグ：`enemy`

名前：`block_09_0(3)`
タグ：`enemy`

名前：`block_09_0(2)`
タグ：`enemy`

ここでは、**タグを使った衝突判定のしくみ**を作りましょう。

17 まず、**落下するタル**を作ります。［プロジェクトウィンドウ］から、`block_09`（タルの画像）を［シーンビュー］の主人公の頭の上あたりにドラッグ＆ドロップし、［コンポーネントを追加］から、 **Rigidbody 2D** と、今回は **Capsule Collider 2D** をアタッチします。

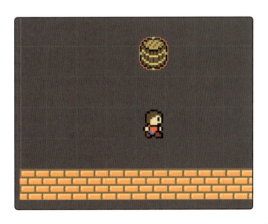

18 このタルにタグをつけましょう。［インスペクターウィンドウ］の一番上の名前のすぐ下にある**[タグ]**をクリックし、**[タグを追加]**を選択します。

19 ［インスペクターウィンドウ］が［Tags & Layers］に変わります。この［タグ］の下にある**[＋]ボタン**をクリックし、**[New Tag Name]**に「enemy」と入力して**[Save] ボタン**をクリックします。

20 再び、シーン上の**タル**を選択すると、［インスペクターウィンドウ］が元に戻るので、**[タグ]**のリストから**[enemy]**を選択します。これで、**タグ付きのオブジェクト**ができました。

21 ［プロジェクトウィンドウ］から、gameover（ゲームオーバーの画像）を［シーンビュー］にドラッグ＆ドロップします。

22 シーン上の主人公を選択し、［コンポーネントを追加］から、On Collision Show をアタッチします。
［Tag Name］に「enemy」と入力し、［Show Object］の「◎」をクリックし、gameover_0 を設定します。

23 さらに、［コンポーネントを追加］から、On Collision Stop Game をアタッチし、［Tag Name］に「enemy」と入力して設定します。

24 シーン上の**タル**を選択し、[**コンポーネントを追加**]から、**On Timeout Destroy Me** をアタッチします。これで、タルは3秒で消えます。

25 このタルをプレハブ化しましょう。[ヒエラルキーウィンドウ]の **block_09**（**落下するタル**）を、[プロジェクトウィンドウ]の[Assets]フォルダにドラッグ&ドロップします。

26 [**Play**]**ボタン**で実行しましょう。タルが落下してきて主人公に衝突するとゲームオーバーになるしかけができました。

🐸 タルを降らせる雲を作る

最後に、ステージの上空にタルを降らせる雲のような範囲を作って、**雲からタルを降らせるしかけ**を作りましょう。「**ときどき、ある範囲にランダムにプレハブを作る（ Sometime Random Create Prefab ）**」スクリプトを使うと作れます。

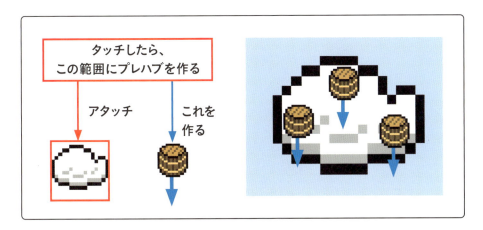

スクリプトの説明

スクリプト名	Sometime Random Create Prefab	
スクリプトの目的	一定間隔で、ある範囲内にランダムにプレハブを作成する	
プロパティ	New Prefab	作るプレハブのオブジェクト
	Interval Sec	プレハブを作成する間隔（秒）。（デフォルト：1秒）
	New Z	作るプレハブのZ座標。デフォルトは少し手前（デフォルト：-5）

 このスクリプトをアタッチすると、**指定した時間間隔で、このオブジェクトの範囲内にランダムな位置で指定したプレハブを生成する**ようになります。
「**一定時間ごとにランダムな位置に敵が出現する**」や「**雨や雪が降るエフェクト**」や「**エリア内にときどき出現するアイテム**」などにも使えます。

作ってみよう

27 まず、シーン上の**タル**は、選択してメニュー**［編集 → 削除］**で削除しておきます。

28 ［プロジェクトウィンドウ］から、**cloud_0**（雲の画像）を［シーンビュー］にドラッグ&ドロップし、サイズを変更してステージの上に大きく配置します。

㉙ [コンポーネントを追加] から、`Sometime Random Create Prefab` をアタッチします。[New Prefab] の「◎」をクリックし「**アセット**」をクリックしてから、`block_09_0` をダブルクリックして設定します。

㉚ [Play] ボタンで実行しましょう。「**タルを避けるゲーム**」ができました。

㉛ これでは少し簡単すぎるので、雲を選択して、[インスペクターウィンドウ] で、`Sometime Random Create Prefab` の [Interval Sec] を「0.2」に変更して0.2秒置きにタルが落ちてくるようにします。また、見やすくするために [Main Camera] を選択して、背景色を明るい青に変えてみましょう。これで [Play] ボタンで実行すると、ゲームの難易度が上がりました。

スクリプトの解説

 以下が、「**ときどき、範囲内にランダムにプレハブを作る**」スクリプトだ。

入力プログラム（SometimeRandomCreatePrefab.cs）

```csharp
1  using System.Collections;
2  using System.Collections.Generic;
3  using UnityEngine;
4  //　ときどき、範囲内にランダムにプレハブを作る
5  public class SometimeRandomCreatePrefab : MonoBehaviour
6  {
7      //----------------------------------------
8      public GameObject newPrefab; //［作るプレハブ］
9      public float intervalSec = 1; //［作成間隔(秒)］
10     public int newZ = -5; //［描画順］
11     //----------------------------------------
```

```
12      void Start()
13      {
14          // 指定秒ごとに、CreatePrefabをくり返し実行する予約
15          InvokeRepeating("CreatePrefab", intervalSec, intervalSec);
16      }
17      void CreatePrefab()
18      {
19          // このオブジェクトの範囲内にランダムに
20          Vector3 area = GetComponent<SpriteRenderer>().bounds.size;
21          Vector3 newPos = transform.position;
22          newPos.x += Random.Range(-area.x / 2, area.x / 2);
23          newPos.y += Random.Range(-area.y / 2, area.y / 2);
24          newPos.z = newZ;
25          // プレハブを作ってその位置の手前に表示する
26          GameObject newGameObject = Instantiate(newPrefab) as GameObject;
21          newGameObject.transform.position = newPos;
22      }
23  }
```

このスクリプトの重要な部分を見ていこう。

ゲーム開始時に、`InvokeRepeating()` 関数を使って、`CreatePrefab()` 関数を定期的に呼び出す予約をする。

```
12      void Start()
13      {
14          // 指定秒ごとに、CreatePrefabをくり返し実行する予約
15          InvokeRepeating("CreatePrefab", intervalSec, intervalSec);
16      }
```

書式：指定した秒ごとにメソッドをくり返す

```
InvokeRepeating("メソッド名", <初回の遅延秒>, <くり返す秒数>);
void メソッド名() {
// 設定した時間（単位は秒）にメソッドを呼び出し、くり返す
}
```

 この部分で、指定された範囲内にランダムな位置でプレハブを生成する処理を行っている。

```
17      void CreatePrefab()
18      {
19          // このオブジェクトの範囲内にランダムに
20          Vector3 area = GetComponent<SpriteRenderer>().bounds.size;  ❶
21          Vector3 newPos = transform.position;
22          newPos.x += Random.Range(-area.x / 2, area.x / 2);           ❷
23          newPos.y += Random.Range(-area.y / 2, area.y / 2);
24          newPos.z = newZ;
25          // プレハブを作ってその位置の手前に表示する
26          GameObject newGameObject = Instantiate
    (newPrefab) as GameObject;                                          ❸
27          newGameObject.transform.position = newPos;
28      }
```

❶ `GetComponent<SpriteRenderer>().bounds.size` で、このオブジェクトのサイズを取得する。

❷ このオブジェクトの位置を基準に、そのサイズの範囲内でランダムな位置を決める。

❸ `newGameObject.transform.position = newPos` で求めたランダムな位置に指定されたプレハブを生成し、計算した位置に配置する。

10
UIテキストで スコア

数を数えるカウンターを用意すると、「敵と3回衝突したらゲームオーバー」や「鍵を5つ集めたら宝箱が開く」などのしくみが作れるようになります。カウンターを表示するためのテキストオブジェクトの扱い方も解説しますよ。

CHAPTER
10.1
シーンを
コピーして改造

> あるシーンと
> 少しだけ違う
> シーンを作りたい
> なら、コピーして
> 修正しよう

数を数えるスクリプト

これまでは、「**タッチしたら、消える**」、「**オバケと衝突したら、ゲームオーバーを表示する**」といったように、**1回アクションするだけ**で何かが起こっていました。
ですが、ゲームでは「**敵と3回衝突したら、ゲームオーバーになる**」とか、「**鍵を5つ取ったら、扉が開く**」といったように、**アクションを何回か行うこと**で何かが起こるというしかけが多くあります。

これは、「**数を数えるカウンター**」を使うことで実現できます。例えば、「❶**衝突を数えるカウンター**」を用意しておいて、「❷**敵と衝突したら、カウントを1増やす**」という処理と、「❸**カウントが3になったら、ゲームオーバーを表示する**」と処理を分けて用意することで、「**敵と3回衝突したら、ゲームオーバーになるしくみ**」が実現できるのです。

 そこで、ここでは**カウンター**を使って、どのようにゲームを作るのかを見ていきましょう。**横スクロールアクションゲーム**は、すでに**Chapter 8**で作ったので、このシーンをコピーして、カウンターのしくみを追加しようと思います。

 シーンをコピーする

まずは、シーンをコピーします。

1 [プロジェクトウィンドウ] の「chap8」を選択して、メニュー [編集 → 複製] を選びましょう。すると、「chap8 1」という複製されたシーンが作られます。

2 「chap8 1」を右クリックして、[名前を変更] を選択し、名前を「chap10」に変更したら、「chap10」をダブルクリックして開きましょう。中身は「chap8」と同じですが、ヒエラルキーウィンドウの名前が変わっているのがわかります。

3 「chap8」では、最後にカメラが上下に移動するように修正しましたが、ここでは元に戻しておきましょう。[Main Camera]を選択して、[Follow H Only]のチェックをオンにします。これで準備ができました。

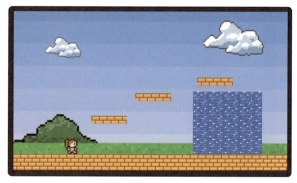

4 床の左右の端を越えてしまうと落ちてしまいます。そのため、床を[編集 → 複製]でコピーして、サイズと位置を変更し、左右の壁を作りましょう。これで、左右の端から落ちなくなりました。

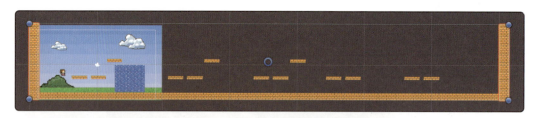

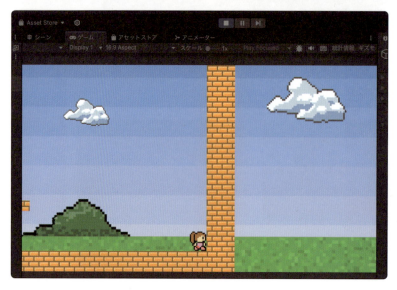

 ## ステージを改造する

「chap8」のゲームは、「**動く床や浮かぶ水の塊があるステージを、主人公が移動したりジャンプしたりできる**」というだけでした。これを、以下のように改造しようと思います。

1. ステージの一番右端に**ゴールの扉**があります。**扉に触れると、ゲームクリア**です。
2. ですがこの扉は、**大きなブロック**に隠されています。
3. ステージ内には**鍵が5つ**あります。この**鍵を5つゲットすると、ブロックが消えて**、扉が現れ、ゴールできるようになります。
4. しかし、ステージには**敵**がいます。
5. 主人公には**ハートが3つ**あり、敵に衝突するとハートが1つ減ります。**ハートが0になるとゲームオーバー**です。

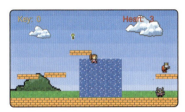  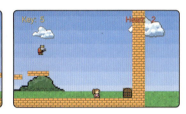

 まずは、**扉に触れたら、ゲームクリア**するしくみを作りましょう。「**衝突したら、シーンを切り換える（ On Collision Switch Scene ）**」スクリプトを使えば作れます。ゲームクリアのシーンは、Chapter 7で、ゲームクリアとゲームオーバーのシーンを作って登録しましたので、これを再利用します。

スクリプトの説明

スクリプト名	On Collision Switch Scene	
スクリプトの目的	目標と衝突すると、指定したシーンに切り換える	
プロパティ	ターゲットオブジェクト（Target Object）	目標のオブジェクト
	Tag Name	目標のタグ名（グループ名）
	Scene Name	切り換え先のシーン名

 このスクリプトをアタッチすると、**目標オブジェクトか、目標のタグを持つオブジェクトと衝突したとき、指定されたシーン**に切り換わります。
このスクリプトは、「プレイヤーがゴールに触れたとき、クリアシーンへ移動する」や「プレイヤーが特殊なドアに触れたときに、次のステージへ移動する」、「敵がプレイヤーに当たったときに、ゲームオーバーシーンへ移動する」などに使えます。

作ってみよう

5 ステージの右端に、 block_10 （扉の画像）をドラッグ＆ドロップして、[コンポーネントを追加] から、 Box Collider 2D をアタッチします。

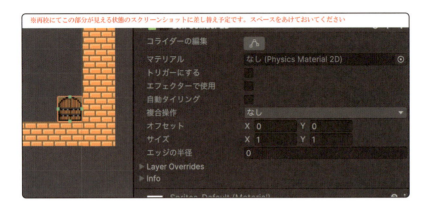

6 この扉と主人公が衝突したら、ゲームクリアにジャンプします。扉を選択して、[コンポーネントを追加] から、 On Collision Switch Scene をアタッチします。[ターゲットオブジェクト] の「◎」をクリックし、主人公の「 player2R_0 」をダブルクリックして設定し、[Scene Name] には「gameclear」と設定します。

7 [Play] ボタンで実行しましょう。扉に触れると、ゲームクリアになります。

8 この扉をブロックで隠しましょう。**block_08**（謎ブロックの画像）をドラッグ＆ドロップして、[コンポーネントを追加] から、**Box Collider 2D** をアタッチします。少し大きくして、扉の上に重ね、[Transform] の [Z] は「**-3**」にして手前にしておきましょう。

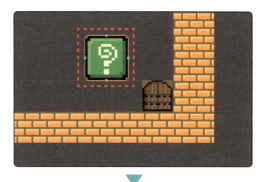

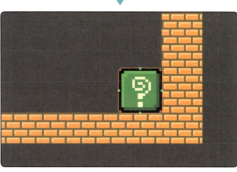

これで扉に触れることができなくなります。

スクリプトの解説

 以下が、「**衝突すると、シーンを切り換える**」スクリプトだ。

📄 入力プログラム（OnCollisionSwitchScene.cs）

```csharp
using System.Collections;
using System.Collections.Generic;
using UnityEngine;
using UnityEngine.SceneManagement;     // シーン切り換えに必要
// 衝突すると、シーンを切り換える
public class OnCollisionSwitchScene : MonoBehaviour
{
    //---------------------------------------
    public GameObject targetObject; //[目標オブジェクト]
    public string tagName; //[タグ名]
    public string sceneName;   //[シーン名]
    //---------------------------------------
    void OnCollisionEnter2D(Collision2D collision)   // 衝突したとき
    {
        // 衝突したものが、目標オブジェクトか、タグ名なら
        if (collision.gameObject == targetObject ||
            collision.gameObject.tag == tagName)
        {
            SceneManager.LoadScene (sceneName); // シーンを切り換える
        }
    }
}
```

 このスクリプトの重要な部分を見ていこう。
まず、切り換え先のシーン名を設定しておく。

```csharp
    public string sceneName;    //[シーン名]
```

228

そしてこの部分で、衝突したらシーンを切り換えている。
衝突した相手が、**指定したオブジェクト**か、**指定したタグ名（グループ名）**だったら、
`SceneManager.LoadScene()` を使って、指定されたシーンに切り換えるんだ。

書式：指定したシーンに切り換える

```
SceneManager.LoadScene()
```

```
13      void OnCollisionEnter2D(Collision2D collision)  // 衝突したとき
14      {
15          // 衝突したものが、目標オブジェクトか、タグ名なら
16          if (collision.gameObject == targetObject ||
17              collision.gameObject.tag == tagName)
18          {
19              SceneManager.LoadScene (sceneName);  // シーンを切り換える
20          }
21      }
```

> テキスト表示用の
> オブジェクトを
> 使って
> カウンターを
> 設置しましょう

CHAPTER
10.2
カウンターを作る

UI TextMeshProを表示する

次は、**5つの鍵を取った数を数えるしくみ**を作ろうと思います。**カウンターのような変化する数値**を表示させるときは、**テキスト**のオブジェクトを使います。

Unityには、**UI TextMeshPro**という、テキスト表示用のオブジェクトがあります（以前はUI Textというオブジェクトがありましたが、文字をきれいに表示できる新しいバージョンとして、UI TextMeshProができました）。名前の頭につくUIとは、ユーザーインターフェースの略で、**ゲームの画面に重ねて使うインターフェース**のことです。Unityでは、このユーザーインターフェース用の画面のことを「Canvas」と呼んでいます。Canvasには「ボタン」や「トグルスイッチ」や「スライダー」などのUI要素を表示させることができるのですが、「UIテキスト」もその1つです。文字列を表示させたり、あとから変更させることができます。

これを使って、スコアを表示させるというわけです。Canvasは、カメラを移動してゲーム画面をスクロールさせても表示位置は変わりません。ずっと同じ位置に表示され続けるので、スコアや、ライフゲージや、残り時間などに使うのに便利です。

このUI TextMeshProを使って、**集めた鍵の数**を表示させましょう。

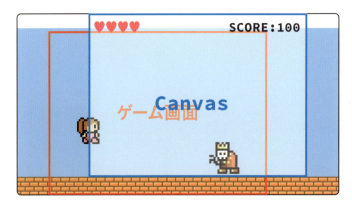

230

作ってみよう

9 メニュー[ゲームオブジェクト → UI → テキスト-TextMeshPro]を選択します。

「プロジェクトではじめてUI TextMeshProを使うときは、[TMP Importer]ダイアログが表示されるので、[import TMP Essentials]ボタンをクリックします。

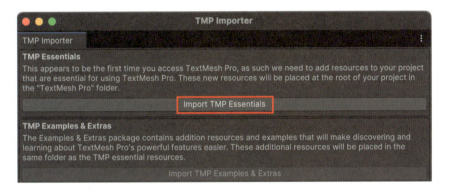

その後、[TMP Importer]ダイアログは閉じます。[ヒエラルキーウィンドウ]を見ると、**Canvas**、**Text（TMP）**、**EventSystem**の3つの項目が増えています。

10 UI TextMeshProを作ってもシーン上のMain Cameraで**表示するエリア**には見当たりません。インターフェースが乗っている**Canvas**は、画面中央から右上に**巨大なサイズ**で配置されているためです。

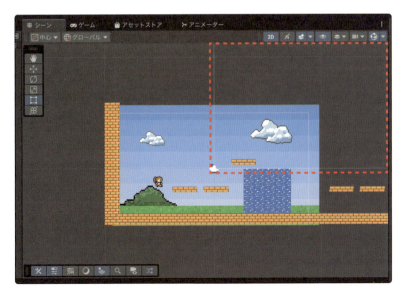

シーンを手動でズームイン＆アウトするのは大変なので、
[ヒエラルキーウィンドウ] でCanvasをダブルクリックしま
しょう。表示された白い枠が、実行時にゲーム画面に重
なるCanvas画面です。

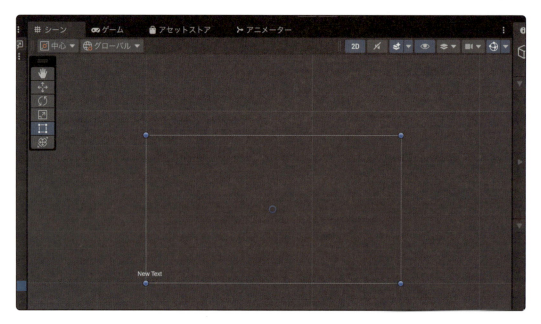

11 [ヒエラルキーウィンドウ] でText
(TMP) をクリックすると、小さく表示さ
れるのが、UI TextMeshProです。見
やすいように左上に移動して、テキス
トボックスのサイズを大きくしましょう。

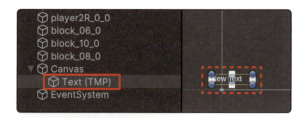

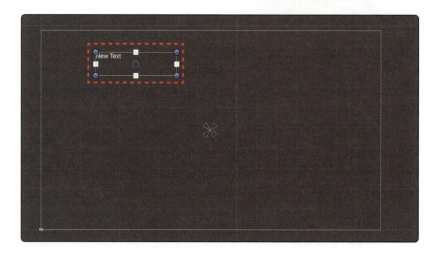

12 ボックスのサイズを大きくしても文字サイズは小さいままなので、[インスペクターウィンドウ] の TextMeshProの [Font Size] を「80」くらいに変更して、大きくしましょう。また、[Vertex Color] の右をクリックすると**カラーパネル**が表示され、色を変更できます。

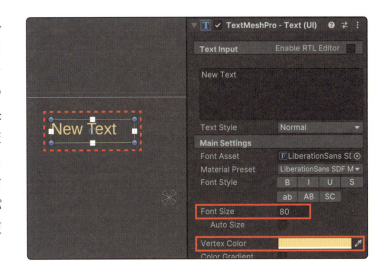

13 [Material Preset] の [Drop Shadow] を選択すると、文字にドロップシャドウ効果がつきます。

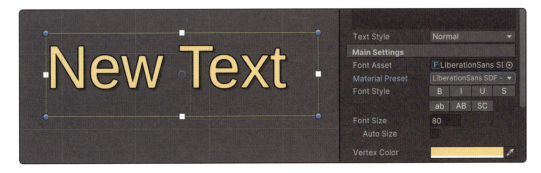

14 [ヒエラルキーウィンドウ] のText (TMP) を選択して、メニュー [編集 → 複製] を3回実行してテキストを4つに増やしましょう。

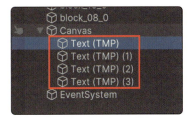

⑮ 4つのテキストをそれぞれ、[インスペクターウィンドウ]で「Key:」「0」「Heart:」「3」に変更して、位置を移動させましょう。色を変更させてもいいですね(デフォルトのフォントでは英数半角文字しか表示できません)。

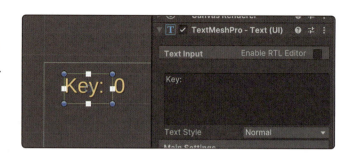

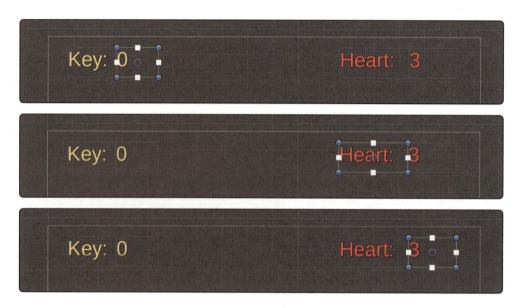

⑯ 元の画面に戻るには、[ヒエラルキーウィンドウ] で【Main Camera】をダブルクリックしましょう。すると、ゲーム画面がちょうどいい大きさで表示されます。

17 [Play] ボタンで実行すると、上部にテキストが表示されます。

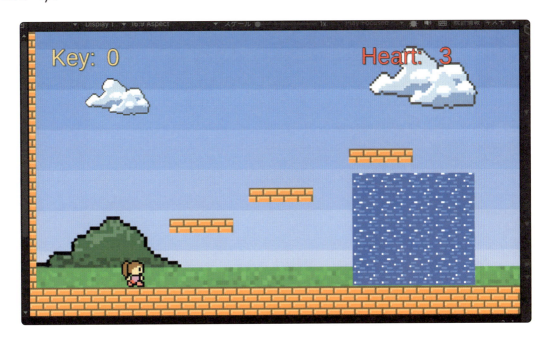

カウンターを作ってテスト

それでは、「❶ゲームカウンター（ Game Counter ）」スクリプトと、「❷ずっとカウントの値を表示する（ Forever Show Count Pro ）」スクリプトと、「❸タッチしたらカウントする（ On Mouse Down Count Chage ）」スクリプトを使って、「ボタンを押した回数を数えるカウンター」を作ってみましょう。

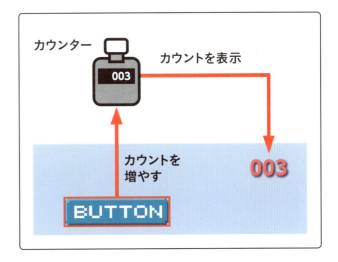

スクリプトの説明 ❶

スクリプト名	Game Counter	
スクリプトの目的	ゲーム内全体でさまざまな要素をカウントする	
プロパティ	Kind	カウンターの種類（Keys、Heartsなど）
	Start Count	カウンターの初期値（デフォルト：0）

このスクリプトは、**ゲーム内全体でのさまざまな要素をカウント**するためのカウンターシステムです。ゲームに欠かせない、さまざまなカウント機能を簡単に実装できます。

このスクリプトは、「**Keys: 鍵の数、Hearts: ハートの数、Miss: ミスした回数、Score: スコア、Gold: ゴールド、ItemA, ItemB, ItemC: その他のアイテム**」など、さまざまなカウントができます。

このスクリプトをアタッチしたオブジェクトがあるシーンで、カウンターはリセットされます。

スクリプトの説明❷

スクリプト名	Forever Show Count Pro	
スクリプトの目的	カウンターの値を、このTextMeshProに表示する	
プロパティ	Kind	カウンターの種類（Keys、Heartsなど）

このスクリプトをTextMeshProにアタッチすると、**指定したカウンターの値をリアルタイムに表示**します。このスクリプトは、「**取得した鍵の数**」や「**残りのハート数**」や「**収集したアイテム数**」や「**ゴールドの残高**」や「**ミス回数**」などの表示に使えます。

スクリプトの説明❸

スクリプト名	On Mouse Down Count Change	
スクリプトの目的	タッチすると、指定したカウンターの値を変更する	
プロパティ	Kind	カウンターの種類（Keys、Heartsなど）
	Add Value	カウンターを増減する値（デフォルト:1）

このスクリプトをアタッチすると、**タッチされたときに指定したカウンターの値を増減**します。このスクリプトは、「**コインをタッチして、スコアを増加させる**」や「**アイテムをタッチして、収集する**」や「**敵をタッチして、撃破数を増やす**」や「**ハートをタッチして、ライフを回復する**」などに使えます。

作ってみよう

18 まず**カウンター**を作ります。シーン上のオブジェクトであればどれでもいいのですが、「0」と書いた**Text（TMP）**を選択しましょう。わからないときは、順番にクリックしながら［インスペクターウィンドウ］の**Text Input**を見るとわかります。

19 [コンポーネントを追加] から、Game Counter と、Forever Show Count Pro をアタッチします。

20 テスト用のボタンを作ります。[プロジェクトウィンドウ] から button（ボタンの画像）を [シーンビュー] にドラッグ＆ドロップし、[コンポーネントを追加] から、Box Collider 2D をアタッチします。

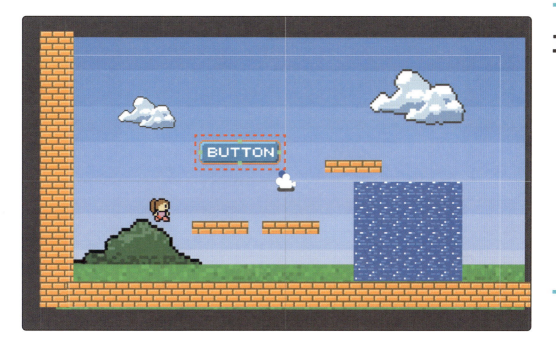

21 さらに [コンポーネントを追加] から、On Mouse Down Count Change をアタッチします。

22 [Play] ボタンで実行しましょう。ボタンをクリックするとカウントアップしていきます。おや、以前作った「**ハンバーガー出現魔法**」も発動してしまったようですね。

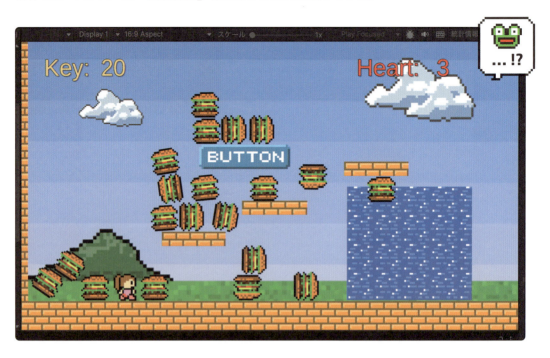

23 カウントアップの確認ができたら、**ボタン**は選択して削除してしまいましょう。

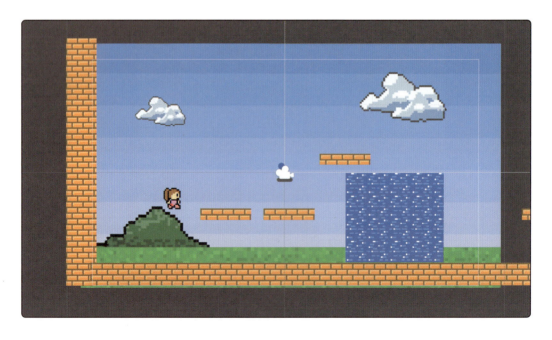

スクリプトの解説 ❶

 以下が、「**カウンター本体**」のスクリプトだ。

入力プログラム（GameCounter.cs）

```csharp
using System.Collections;
using System.Collections.Generic;
using UnityEngine;
// カウンター本体
public class GameCounter : MonoBehaviour
{
    //--------------------------------------
    public CounterType kind = CounterType.Keys; //[カウンターの種類]
    public int startCount = 0; //[初期値]
    //--------------------------------------
    public static Dictionary<CounterType, int> counters = new Dictionary<CounterType, int>();
    void Start()
    {
        counters[kind] = startCount;
    }
}
public enum CounterType { // カウンターの種類
    Keys, Hearts, Miss, Score, Gold, ItemA, ItemB, ItemC
}
```

 このスクリプトで重要な部分を見てみよう。
まず、カウンターの種類と初期値を設定する。

```csharp
    public CounterType kind = CounterType.Keys; //[カウンターの種類]
    public int startCount = 0; //[初期値]
```

シーンが切り換わったときにゲームオブジェクトが消えてしまうと、変数の値も消えてしまう。だから、シーンが切り換わってもずっと値が残り続けるようにするには「**public static** の変数」を使うんだ。この **static** 変数を使うことで、ゲーム内のどこからでもカウンターの値にアクセスできるようにして、別のスクリプトからも値を見たり、変更したりできるようにしている。

```
11      public static Dictionary<CounterType, int> counters = new
        Dictionary<CounterType, int>();
```

ここで、カウンターの種類を用意している。
このスクリプトを使うことで、「**さまざまな種類のカウンターを簡単に管理できる**」システムを実現しているんだ。

```
17  public enum CounterType {  //  カウンターの種類
18      Keys, Hearts, Miss, Score, Gold, ItemA, ItemB, ItemC
19  }
```

スクリプトの解説 ❷

以下が、「**ずっと、カウントの値を表示する**」スクリプトだ。

📄 入力プログラム（ForeverShowCountPro.cs）

```
1  using System.Collections;
2  using System.Collections.Generic;
3  using UnityEngine;
4  using UnityEngine.UI;
5  using TMPro;
6  //  ずっと、カウントの値を表示する(TextMeshPro)
7  public class ForeverShowCountPro: MonoBehaviour
8  {
9      //----------------------------------------
```

```
10      public CounterType kind = CounterType.Keys; //[カウンターの種類]
11      //--------------------------------------
12      void Update()
13      {
14          GetComponent<TextMeshProUGUI>().text = GameCounter.
    counters[kind].ToString();
15      }
16  }
```

このスクリプトの重要な部分を見ていこう。
この部分で、カウンターの値を表示させている。指定されたカウンターの現在の値を取得して文字列に変換し、TextMeshPro に表示させているんだ。

```
12      void Update()
13      {
14          GetComponent<TextMeshProUGUI>().text = GameCounter.
    counters[kind].ToString();
15      }
```

スクリプトの解説❸

以下が、「**タッチすると、カウントを変更する**」スクリプトだ。

入力プログラム（OnMouseDownCountChange.cs）

```
1  using System.Collections;
2  using System.Collections.Generic;
3  using UnityEngine;
4  // タッチすると、カウントを変更する
5  public class OnMouseDownCountChange : MonoBehaviour
```

▶次ページに続きます

```csharp
6  {
7      //-----------------------------------
8      public CounterType kind = CounterType.Keys; //[カウンターの種類]
9      public int addValue = 1; //[増加量]
10     //-----------------------------------
11     void OnMouseDown() // タッチしたら
12     {
13         // カウンターの値を変更する
14         GameCounter.counters[kind] = GameCounter.counters[kind] + addValue;
15     }
16 }
```

このスクリプトの重要な部分を見ていこう。
この部分で、タッチされたらカウンターの値を変更させている。

```csharp
11     void OnMouseDown() // タッチしたら
12     {
13         // カウンターの値を変更する
14         GameCounter.counters[kind] = GameCounter.counters[kind] + addValue;
15     }
```

> 鍵を5つ集めたらゲームクリアのしかけを作っていきます

CHAPTER
10.3
「カウントが○○になったら、消す」

 =

鍵を作る

数を数えることができるようになったので、次は鍵のシステムを作りましょう。まず、「**主人公が触れると、消えてカウントが1つ増える鍵**」を作ります。このしくみは、「**相手と衝突したら、カウントアップして自分自身は消える（ On Collision Count Change Destory Me ）**」スクリプトで作れます。

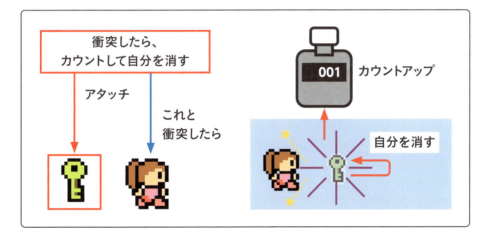

スクリプトの説明

スクリプト名	On Collision Count Change Destroy Me	
スクリプトの目的	目標と衝突すると、カウンターの値を変更し、自分自身を削除する	
プロパティ	ターゲットオブジェクト（Target Object）	目標のオブジェクト
	Tag Name	目標のタグ名（グループ名）
	Kind	カウンターの種類（Keys、Heartsなど）
	Add Value	カウンターを増減する値（デフォルト:1）

このスクリプトをアタッチすると、**目標オブジェクト、または目標タグのオブジェクトと衝突したときに、指定したカウンターの値を増減し、その後自身を消去**します。

このスクリプトは、「**コインにこのスクリプトをアタッチし、プレイヤーと衝突時にスコアを増加させてコインを消去**」や「**薬草にこのスクリプトをアタッチし、プレイヤーと衝突時にハートを増加させて消去**」や「**敵にこのスクリプトをアタッチし、プレイヤーの攻撃と衝突時に、ハートを減少させて敵を消去**」などに使えます。

作ってみよう

24 まず、主人公に**目印のタグ**をつけます。[インスペクターウィンドウ]の[タグ]で「Player」を選択します。

25 [プロジェクトウィンドウ]から、`key_0`（鍵の画像）を1つ、[シーンビュー]にドラッグ＆ドロップし、**[コンポーネントを追加]**から、`Box Collider 2D`をアタッチします。サイズは少し小さくしておきましょう。

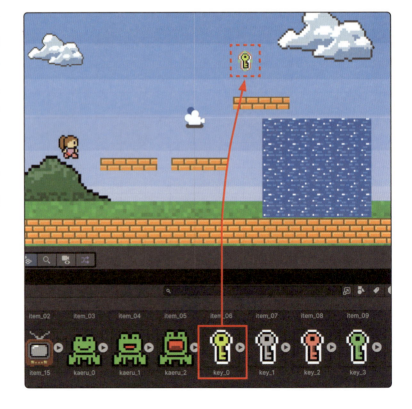

26 さらに [コンポーネントを追加] から、On Collision Count Change Destroy Me をアタッチし、[Tag Name]に「Player」と入力します。

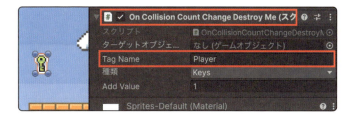

27 [ヒエラルキーウィンドウ]の key_0_0 を、[プロジェクトウィンドウ]にドラッグ＆ドロップして、**プレハブ**にします。

28 ステージ内に、この**鍵**の**プレハブ**をさらに4つ配置します。

㉙ **[Play]** ボタンで実行しましょう。鍵に触れると鍵が消えてカウントが1つ増えていきます。

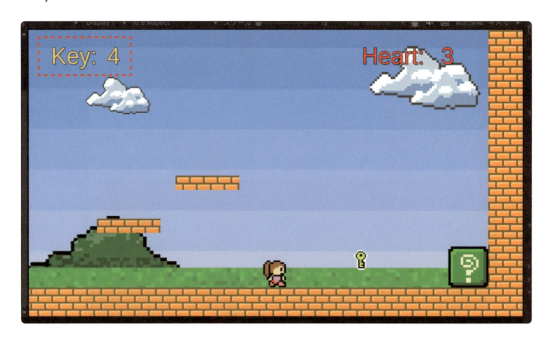

🐸 カウントで扉を消す

それでは、「**カウントが5になったら扉を消すしかけ**」を作りましょう。
「**カウントが○○になったら、消す（ On Count Finished Hide ）**」スクリプトを使うと、そのしかけを作れます。Text（TMP）にスクリプトをアタッチしましょう。

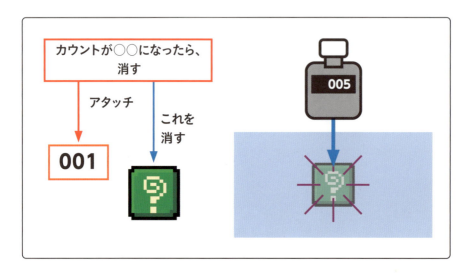

スクリプトの説明

スクリプト名	On Count Finished Hide	
スクリプトの目的	カウンターが最終値になると、指定したオブジェクトを消す	
プロパティ	Kind	カウンターの種類（Keys、Heartsなど）
	Last Count	カウンターの最終値（デフォルト：3）
	Hide Object	消すオブジェクト

このスクリプトをアタッチすると、**指定したカウンターが設定した最終値に達したときに、指定したオブジェクトを非表示**にします。

このスクリプトは、「鍵を3つ集めたら、扉を消す」や「**スコアが100になったら、障害物を消す**」や「残りの敵の数が0になったら、ゲームクリアを表示する」や「ミスの回数が5になったら、ゲームオーバーを表示する」などに使えます。

作ってみよう

㉚「0」と書いたText（TMP）を選択し、[コンポーネントを追加] から、**On Count Finished Hide** をアタッチしましょう。

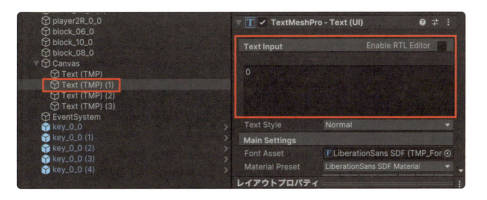

31 鍵が5つになったら、扉を消すので、「Last Count」は「5」に変更します。
「Hide Object」の「◎」をクリックして、block_08_0 を設定します。

32 [Play] ボタンで実行しましょう。鍵を5つゲットすると、ブロックが消えて扉が現れ、ゲームクリアになります。

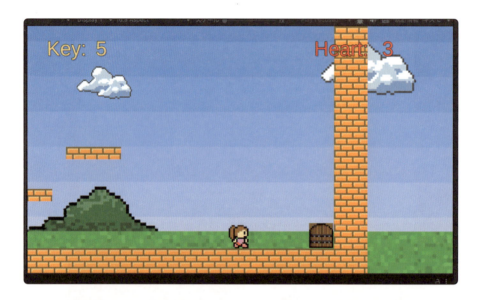

スクリプトの解説 ❶

 以下が、「**衝突すると、カウントを変更して自分を消す**」スクリプトだ。

入力プログラム（OnCollisionCountChangeDestroyMe.cs）

```csharp
using System.Collections;
using System.Collections.Generic;
using UnityEngine;

// 衝突すると、カウントを変更して自分を消す
public class OnCollisionCountChangeDestroyMe : MonoBehaviour
{
    //-------------------------------------
    public GameObject targetObject; //[目標オブジェクト]
    public string tagName; //[タグ名]
    public CounterType kind = CounterType.Keys; //[カウンターの種類]
    public int addValue = 1; //[増加量]
    //-------------------------------------

    void OnCollisionEnter2D(Collision2D collision)   // 衝突したとき
    {
        // 衝突したものが、目標オブジェクトか、タグ名なら
        if (collision.gameObject == targetObject ||
            collision.gameObject.tag == tagName)
        {
            // カウンターの値を変更する
            GameCounter.counters[kind] = GameCounter.counters[kind] + addValue;
            // 自分自身を消す
            Destroy(gameObject);
        }
    }
}
```

10　UIテキストでスコア

このスクリプトで重要な部分を見てみよう。

この部分で、衝突時の処理を行っている。衝突した相手が、**指定したオブジェクト**か、**指定したタグ名（グループ名）**だったら、カウンターの値を変更して、このオブジェクト自身を消しているんだ。

```csharp
15      void OnCollisionEnter2D(Collision2D collision)   // 衝突したとき
16      {
17          // 衝突したものが、目標オブジェクトか、タグ名なら
18          if (collision.gameObject == targetObject ||
19              collision.gameObject.tag == tagName)
20          {
21              // カウンターの値を変更する
22              GameCounter.counters[kind] = GameCounter.counters[kind] + addValue;
23              // 自分自身を消す
24              Destroy(gameObject);
25          }
26      }
```

スクリプトの解説 ❷

以下が、「**カウントが最終値なら、消す**」スクリプトだ。

入力プログラム（OnCountFinishedHide.cs）

```csharp
1   using System.Collections;
2   using System.Collections.Generic;
3   using UnityEngine;
4   // カウントが最終値なら、消す
5   public class OnCountFinishedHide : MonoBehaviour
6   {
7       //----------------------------------------
8       public CounterType kind = CounterType.Keys;  //[カウンターの種類]
```

```
 9      public int lastCount = 3; //[最終値]
10      public GameObject hideObject; //[消すオブジェクト]
11      //--------------------------------------
12      void Update()
13      {
14          // カウンターが最終値になったら
15          if (GameCounter.counters[kind] == lastCount)
16          {
17              hideObject.SetActive(false); // 非表示にする
18          }
19      }
20  }
```

このスクリプトで重要な部分を見てみよう。
この部分で、**カウンターが指定した値に達したら、特定のオブジェクトを非表示にする**処理を行っている。

カウンターの値が最終値になっているかを調べ、同じなら指定したオブジェクトを非表示にするんだ。

```
12      void Update()
13      {
14          // カウンターが最終値になったら
15          if (GameCounter.counters[kind] == lastCount)
16          {
17              hideObject.SetActive(false); // 非表示にする
18          }
19      }
```

CHAPTER 10.4
違う種類のカウントを行う

複数のカウンターを用意して、ゲームオーバーとゲームクリアを作成しましょう

🐸 ハートの残り数をカウントする

次は、**敵とハートのしくみ**を作りましょう。先ほど作ったカウンターでは、**鍵の数**をカウントできましたが、あれはあくまで**鍵用のカウンター**です。ハートをカウントするには、新しく**ハート用のカウンター**を用意して、ハートのカウントが0になったら、ゲームオーバーシーンに切り換えるしくみを作る必要があります。

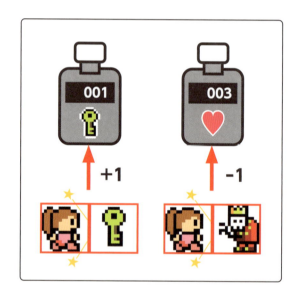

スクリプトの説明

スクリプト名	On Count Finished Switch Scene	
スクリプトの目的	カウンターが最終値になると、指定したシーンに切り換える	
プロパティ	Kind	カウンターの種類（Keys、Heartsなど）
	Last Count	カウンターの最終値（デフォルト：3）
	Scene Name	切り換え先のシーン名

 このスクリプトをアタッチすると、**指定したカウンターが設定した最終値に達したときに、指定したシーンに切り換わり**ます。

このスクリプトは、「**スコアが100になったら、ゲームクリアシーンに移動する**」や「ハートが0に

なったら、ゲームオーバーシーンに移動する」や「敵を10匹倒したら、ボスステージに移動する」や「ゲームクリアシーンに移動したとき、アイテムを10個取得していたら、特別なシーンに移動する」などに使えます。

作ってみよう

33 まず、ハート用のカウンターを作ります。「3」と書いたText（TMP）を選択します。

34 ［コンポーネントを追加］から、 Game Counter と、 Forever Show Count Pro と、 On Count Finished Switch Scene をアタッチします。

35 それぞれの［種類］を「Keys」から「Hearts」に変更します。これで、ハート用のカウンターになりました。 Game Counter の［Start Count］を「3」にします。 On Count Finished Switch Scene の［Last Count］を「0」に、［Scene Name］を「gameover」にします。これで、最初のハートが3で、0になったらゲームオーバーに切り換わります。

36 **ウロウロする敵**を作りましょう。［プロジェクトウィンドウ］から、`gishinanki_0_0`（鬼の画像）を［シーンビュー］にドラッグ＆ドロップします。

37 ［コンポーネントを追加］から、`Rigidbody 2D` と、`Box Collider 2D` と、`Ping Pong Move H` と、`On Collision Count Change Destroy Me` をアタッチします。

38 `Ping Pong Move H` の［速度］を「5」にして素早く動かします。`On Collision Count ChangeDestroy Me` の［Tag Name］を「Player」に、［種類］を「Hearts」に、［Add Value］を「-1」に変更します。主人公に衝突したら、ハートのカウントを-1します。

39 この**鬼**を選択し、［編集 → 複製］で複製し、ステージ内に5匹ほど配置しましょう。空中に置いても空中で動きます。

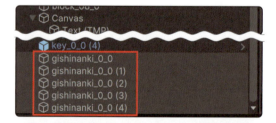

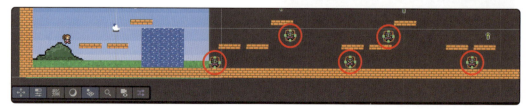

❹ [Play] ボタンで実行しましょう。敵に3回衝突するとゲームオーバーになります。これで、ゲームになりましたね。

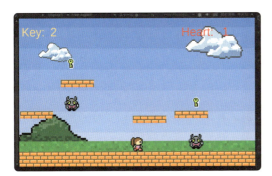

――――― スクリプトの解説 ―――――

以下が、「**カウントが最終値なら、シーンを切り換える**」スクリプトだ。

🆑 入力プログラム（OnCountFinishedSwitchScene.cs）

```
1  using System.Collections;
2  using System.Collections.Generic;
3  using UnityEngine;
4  using UnityEngine.SceneManagement;    // シーン切り換えに必要
5  // カウントが最終値なら、シーンを切り換える
6  public class OnCountFinishedSwitchScene : MonoBehaviour
7  {
8      //---------------------------------------
9      public CounterType kind = CounterType.Keys; //[カウンターの種類]
10     public int lastCount = 3; //[最終値]
11     public string sceneName;   //[シーン名]
12     //---------------------------------------
13     void Update()
14     {
15         if (GameCounter.counters[kind] == lastCount) // カウンターが最終値になったら
16         {
```

▶次ページに続きます

```
17              SceneManager.LoadScene (sceneName); // シーンを切り換える
18          }
19      }
20  }
```

このスクリプトの重要な部分を見ていこう。
まず、シーンの管理に必要な `SceneManagement` を使用するために、この `using` 文を追加している。

```
4   using UnityEngine.SceneManagement;      // シーン切り換えに必要
```

この部分で、**カウンターが指定した値に達したら、シーンを切り換える**処理を行っている。カウンターの値が最終値になっているかを調べ、同じならシーンを切り換えているんだ。

```
13      void Update()
14      {
15          if (GameCounter.counters[kind] == lastCount) // カウンターが最終値になったら
16          {
17              SceneManager.LoadScene (sceneName); // シーンを切り換える
18          }
19      }
```

近づいたら追いかけてくる敵

さらに難易度を上げるために、いつもはじっとしていて、**近づいたら、追いかけてくる敵**を作りましょう。「**近づいたら追いかける（ On Near Chase ）**」スクリプトを使うと作れます。

スクリプトの説明

スクリプト名	On Near Chase	
スクリプトの目的	近づいたら追いかける	
プロパティ	ターゲットオブジェクト（Target Object）	目標のオブジェクト
	速度（Speed）	移動速度（デフォルト：3）
	Limit Distance	追跡を開始する距離（デフォルト：5）
	Gravity Flag	重力の影響をうけるかどうか（デフォルト：false）

 このスクリプトをアタッチすると、**目標オブジェクトが一定距離内に近づいたときに、そのオブジェクトを追いかける**ようになります。**追跡開始距離**や**重力の影響の有無**などを設定できます。
このスクリプトは、「**近づくと、プレイヤーを追いかける敵キャラクター**」や「**近づくと、プレイヤーについてくる仲間**」や「**近づくと、プレイヤーから逃げるキャラクター**」などに使えます。

作ってみよう

41 **近づいたら追いかける敵**を作ります。
［プロジェクトウィンドウ］から、`mouja_0`（赤いガイコツの画像）を［シーンビュー］にドラッグ＆ドロップします。

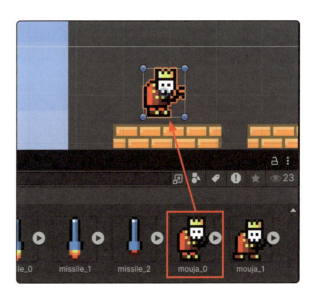

42 [コンポーネントを追加] から、 Rigidbody 2D と、 Box Collider 2D と、 On Near Chase と、 On Collision Count ChangeDestroy Me をアタッチします。

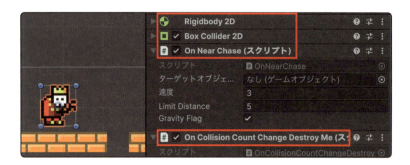

43 On Near Chase の [ターゲットオブジェクト] プロパティの「◎」をクリックし、主人公の player2R_0 をダブルクリックして設定し、[Gravity Flag] のチェックをオフにします。 On Collision Count ChangeDestroy Me の [Tag Name] を「Player」に、[種類] を「Hearts」に、[Add Value] を「-1」に変更します。

44 この赤いガイコツを選択し、[編集 → 複製] で複製し、ゴール近くに2匹ほど追加して、難易度を上げましょう。

45 [Play] ボタンで実行しましょう。
おめでとうございます！ これで、**ゲームの完成**ですね。クリアできるか挑戦してみましょう。

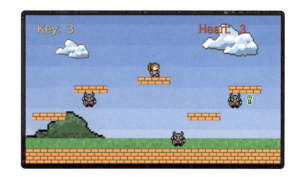

――――― スクリプトの解説 ―――――

 以下が、「**近づいたら、追いかける**」スクリプトだ。

C# 入力プログラム（プログラム：OnNearChase.cs）

```
1  using System.Collections;
2  using System.Collections.Generic;
3  using UnityEngine;
4  // 近づいたら、追いかける
5  public class OnNearChase : MonoBehaviour
6  {
7      //--------------------------------------
8      public GameObject targetObject; //［目標オブジェクト］
9      public float speed = 3; //［速度］
10     public float limitDistance = 5; //［限界距離］
11     public bool gravityFlag = true; //［重力を有効にする］
```

▶次ページに続きます

```csharp
12          //--------------------------------------
13      Rigidbody2D rbody;
14      bool flipFlag = false;
15
16      void Start()
17      {
18          rbody = GetComponent<Rigidbody2D>();
19          if (gravityFlag == false)
20          {
21              rbody.gravityScale = 0; // 重力を無効にする
22          }
23          rbody.constraints = RigidbodyConstraints2D.
    FreezeRotation;
24      }
25
26      void FixedUpdate()
27      {
28          float distance = Vector2.Distance(transform.position,
    targetObject.transform.position);
29          if (distance <= limitDistance)   // 限界距離より近いと追いかける
30          {
31              Vector2 direction = (targetObject.transform.
    position - transform.position).normalized;
32              if (gravityFlag == true)
33              {
34                  rbody.linearVelocity = new Vector2(direction.
    x * speed, rbody.linearVelocity.y); // 水平移動のみ制御、垂直方向は物理
    に任せる
35              }
36              else
37              {
38                  rbody.linearVelocity = direction * speed;
39              }
40          }
```

```
41            else
42            {   //  そうでなかったら待ち伏せ
43                if (gravityFlag == true)
44                {
45                    rbody.linearVelocity = new Vector2(0, rbody.linearVelocity.y);
46                }
47                else
48                {
49                    rbody.linearVelocity = Vector2.zero;
50                }
51            }
52
53            if (rbody.linearVelocity.x > 0)    //  移動量がプラスなら、右向き
54            {
55                flipFlag = false;
56            }
57            if (rbody.linearVelocity.x < 0)    //  移動量がマイナスなら、左向き
58            {
59                flipFlag = true;
60            }
61            SpriteRenderer sprite = GetComponent<SpriteRenderer>();
62            sprite.flipX = flipFlag;
63        }
64    }
```

このスクリプトの重要な部分を見ていこう。
この部分で、**近づいたら追いかける処理**を行っている。

目標オブジェクトとの距離を計算し、限界距離内に近づいたら追跡を開始するんだ。このとき、**重力の設定が有り**なら、水平に追いかけるのみで、垂直方向は重力に任せる。**重力の設定が無し**なら、まっすぐ追いかけるんだ。

```csharp
26    void FixedUpdate()
27    {
28        float distance = Vector2.Distance(transform.position,
      targetObject.transform.position);
29        if (distance <= limitDistance)   // 限界距離より近いと追いかける
30        {
31            Vector2 direction = (targetObject.
      transform.position - transform.position).normalized;
32            if (gravityFlag == true)
33            {
34                rbody.linearVelocity = new Vector2(direction.
      x * speed, rbody.linearVelocity.y); // 水平移動のみ制御、垂直方向は物理
      に任せる
35            }
36            else
37            {
38                rbody.linearVelocity = direction * speed;
39            }
40        }
41        else
42        { // そうでなかったら待ち伏せ
              // 省略...
51        }
          // 省略...
63    }
```

11
音とエフェクトを追加しよう

ゲームをより楽しく演出するために、音やエフェクトを追加していきましょう。BGMを流したり、敵と衝突したときに効果音を鳴らしたり、火花のエフェクトを表示したりして、プレイヤーの気持ちを盛り上げる工夫を学びますよ。

CHAPTER 11.1
BGMを
シーンに追加する

ゲームに
BGMを
追加しましょう

シーンにBGMをつける

Chapter 10では、ハートのカウントができたり、鍵を集めて開ける扉がついて、ゲームとして形になってきましたね。ここからさらに工夫をして**楽しさのパワーアップ**をしたいと思います。BGMや効果音やエフェクトを追加していきましょう。

まずは、**BGMの追加**を行います。**Unity**には、**BGMをゲームに組み込む機能**が搭載されているので、簡単に追加できます。サウンドファイルを用意しましょう。サウンドファイルのフォーマットは、WAV、OGG、MP3、AIFFなどが使えます。

フォーマット	特徴
WAV	高音質で非圧縮の形式。ファイルサイズが大きくなるため、効果音や高品質の音声向けです。
OGG	圧縮形式で、MP3に比べ音質が良く、Unityで推奨されるフォーマットの1つ。ファイルサイズが小さいため、BGMや効果音に適しています。
MP3	圧縮形式でファイルサイズが比較的小さく、長いBGMなどで利用されます。
AIFF	Apple製品で一般的な非圧縮フォーマット。Unityでもサポートされていますが、他の形式に比べ使用頻度は低いです。

基本的に、BGMはシーンごとに設定します。シーンがはじまるとBGMが鳴り出し、シーンが切り換わるとBGMは停止します。次のシーンで別のBGMを設定していれば、別のBGMが鳴り出します。つまり、シーンそれぞれにBGMを設定することで、シーンの雰囲気を演出しやすくなっているのです。

264

BGMの設定方法は、以下の手順で行えます。

1. プロジェクトウィンドウにサウンドファイルをインポートする
使いたいサウンドファイルを、プロジェクトウィンドウにドラッグ＆ドロップして追加します。

2. Audio Sourceを追加する
BGMを再生するには、シーン上の任意のオブジェクトに**［Audio Source（オーディオソース）］**コンポーネントを追加します。このコンポーネントを追加するとオブジェクトにスピーカーのアイコンが表示されます。いわば「**オブジェクトにスピーカーを追加した状態**」になったということです。

3.［オーディオリソース］にサウンドファイルを設定する
インスペクターウィンドウで［Audio Source］の**［オーディオリソース］**にBGMファイルをドラッグ＆ドロップします。

4. シーンがはじまったら自動的に再生される設定をする
そのシーンが表示されたら自動的に再生される設定をします。［ゲーム開始時に再生（Play On Awake）］のチェックをオンにします。

5. ループ再生の設定をする
BGMはゲーム中ずっと再生されるので［ループ（Loop）］のチェックをオンにします。これで、音楽が終わっても自動的に最初から再生され続けます。

サウンドファイルの追加

実際に、ゲームにBGMやエフェクト音を追加していきましょう。まずは、サウンドファイルを用意して、BGMを追加していきます。

作ってみよう

1 Chapter 2（P.037）でダウンロードし、解凍したサンプルファイルを開きます。

2 2つあるフォルダのうち、**Unity 6を使う場合は、Unity6.zipを解凍したフォルダ**を、**Unity 6以前のUnityを使う場合は、Unity2022.zipを解凍したフォルダ**を開きます。

3 Unityの**［プロジェクトウィンドウ］** の［Assets］フォルダを表示させてから、フォルダ内にある**［Sounds］フォルダをドラッグ＆ドロップ**しましょう。

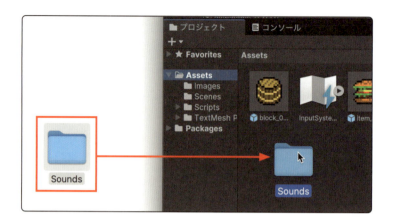

4 プロジェクトウィンドウで「Sounds」フォルダをクリックして中を表示しましょう。各サウンドの波形が表示されているのが確認できます。選択すると、インスペクターウィンドウの下に波形が表示され、その上に**［Play］ボタン**が表示されます。クリックすると、サウンドの試し聞きができます。

🐸 メインゲームにBGMを追加

次は、メインゲームに音を追加しましょう。そのまま追加してもいいのですが、今回はchap10のシーンをコピーして、chap11のシーンを作り、ここに音を追加していきたいと思います。

5 ［プロジェクトウィンドウ］の「Scenes」の「**chap10**」を選択して、メニュー**［編集 → 複製］**を選びましょう。「**chap10 1**」という複製されたシーンが作られます。

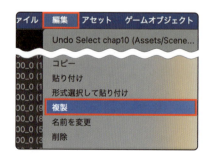

6 「chap10 1」を右クリックして、[名前を変更]を選択し、名前を「chap11」に変更したら、「chap11」をダブルクリックして開き、このシーンを修正していきましょう。

7 BGMを鳴らす機能は、シーン上の任意のオブジェクトに追加します。カメラは必ず存在するので、今回は[Main Camera]を選択して、[コンポーネントを追加]ボタンをクリックし、[検索欄]で「aud」と入力し、表示された Audio Source をアタッチします。

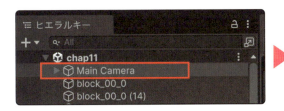

8 この Audio Source にBGMを設定しましょう。まず「Sounds」フォルダを開いておいて、次に[Main Camera]を選択して、「Sounds」フォルダの「bgm」を、インスペクターウィンドウの[オーディオソース]にドラッグ&ドロップして設定します。

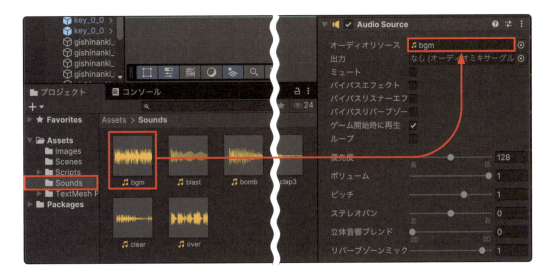

9 インスペクターウィンドウの**[ゲーム開始時に再生（Play On Awake）]のチェックがオン**になっているのを確認します（デフォルトでオンになっているはずですが、もしオフの場合はオンにしましょう）。さらに、インスペクターウィンドウの**[ループ（Loop）]のチェックもオン**にします。

10 これでBGMの設定は終わりです。[Play]ボタンで実行してみましょう。ゲームがはじまるとBGMが流れ、ゲームオーバーになるとBGMが停止します。

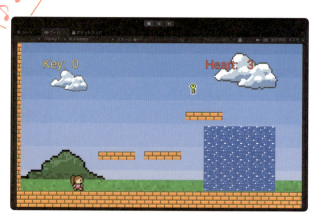

ゲームオーバーにBGMを追加

次は、ゲームオーバーのシーンに、BGMを追加しましょう。

11 まず、ゲームオーバーのシーンを開きます。プロジェクトウィンドウの［Scenes］の「**gameover**」をダブルクリックして開きます。

12. ゲームオーバーのサウンドを鳴らす機能を追加しましょう。［Main Camera］を選択して、**［コンポーネントを追加］**から Audio Source をアタッチします。

13. 「Sounds」フォルダを開いておいて、ヒエラルキーウィンドウで［Main Camera］を選択して、**「Sounds」フォルダ**の「over」を、インスペクターウィンドウの**［オーディオソース］**にドラッグ＆ドロップして設定します。この「over」がゲームオーバーのサウンドです。

14. インスペクターウィンドウの**［ゲーム開始時に再生（PlayOnAwake）］のチェックがオン**になっているのを確認します。1回再生すればいいので**［ループ］はオフのまま**です。

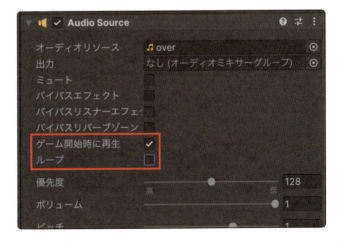

11 音とエフェクトを追加しよう

15 [Play] ボタンで実行してみましょう。
ゲームオーバーになると、ゲームオーバーのサウンドが再生されます。

ゲームクリアにBGMを追加

ゲームクリアのシーンにも、BGMを追加しましょう。

16 まず、ゲームクリアのシーンを開きます。プロジェクトウィンドウの［Scenes］の「gameclear」をダブルクリックして開きます。

17 ゲームクリアのサウンドを鳴らす機能を追加しましょう。［Main Camera］を選択して、[コンポーネントを追加]から Audio Source をアタッチします。

18 「Sounds」フォルダを開いておいて、[Main Camera] を選択して、「Sounds」フォルダの「clear」を、インスペクターウィンドウの [オーディオソース] にドラッグ&ドロップして設定します。この「clear」がゲームクリアのサウンドです。

19 インスペクターウィンドウの [ゲーム開始時に再生 (Play On Awake)] のチェックがオンになっているのを確認します。1回再生すればいいので [ループ] はオフのままです。

20 これで、ゲームのBGMの設定は完了です。[Play] ボタンで実行してみましょう。ゲームクリアになると、ゲームクリアのサウンドが再生されます。

敵と衝突したとき、効果音を鳴らすしくみを作りましょう

CHAPTER
11.2
敵と衝突したら、効果音を鳴らす

敵と衝突したら、効果音を鳴らす

次は、**敵と衝突したら、効果音を鳴らす機能**を追加しましょう。BGMは、**シーンのはじまりをきっかけ**に、自動的に再生させていました。ですが今回は、**オブジェクトの衝突をきっかけにサウンドを鳴らす**ので、スクリプトを使って鳴らします。「**衝突したら、サウンドを再生する（ On Collision PlaySE ）**」のスクリプトを使います。

 ところで、衝突の判定だけなら「敵オブジェクト側」でも「主人公オブジェクト側」でも、どちらでも行えます。

敵オブジェクト側で判定する場合は、**たくさんの敵それぞれに「『主人公』と衝突したら、サウンドを再生する」スクリプトをアタッチ**すれば判定できます。

逆に主人公側で判定する場合は、**主人公に「『たくさんの敵のどれか』と衝突したら、サウンドを再生する」スクリプトをアタッチ**すれば判定できます。

このように一般的な衝突の判定自体はどちらでも行えますが、このゲームでは、主人公と**敵が衝突すると、敵が消える**という仕様になっています。なぜかというと衝突判定を敵が行ってしまうと、サウンドを鳴らすときは敵が消えていて鳴らすことができないという状況になってしまうのです。

ですので、このゲームでは衝突判定をして音を鳴らすのは**主人公が行う**ようにします。

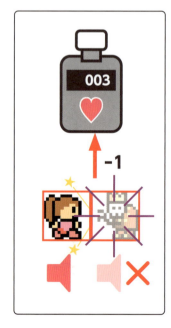

主人公に「『**たくさんの敵のどれか**』と衝突したら、**サウンドを再生する**」というスクリプトをアタッチする方法で行います。相手の敵はたくさんいるので、敵それぞれに「enemy」**タグ**をつけて、**このタグがついたオブジェクトと衝突したか**を調べます。

作ってみよう

21 まず、メインゲームのシーンを開きます。プロジェクトウィンドウの［Scenes］の「**chap11**」をダブルクリックして開き、シーン上の**主人公**を選択します。

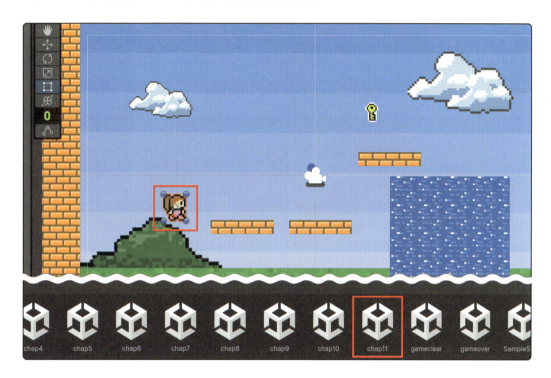

22 ［**コンポーネントを追加**］から Audio Source をアタッチします。サウンドはスクリプトから鳴らすので、［**オーディオソース**］は「**なし**」のままにしておきます。主人公にはスピーカーマークが表示されるようになります。

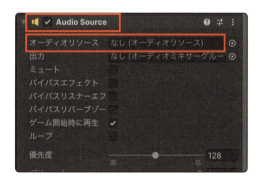

23 [コンポーネントを追加]から、On Collision PlaySE をアタッチします。[Tag Name]に「enemy」と入力します。

24 「Sounds」フォルダを開いてから、シーン上の**主人公**を選択して、インスペクターウィンドウの On Collision PlaySE の [se] に「bomb」を**ドラッグ&ドロップ**して設定します。衝突時には、この bomb（爆発）のサウンドを鳴らします。

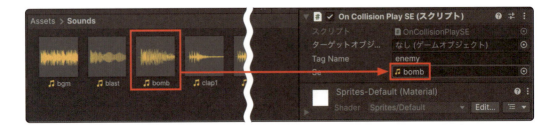

25 すべての敵に「enemy」**タグ**をつけましょう。ヒエラルキーウィンドウで、全部の敵をまとめて選択します。まず選択範囲の一番上の「gishinanki_0_0」をクリックして、[shiftキー]を押しながら、選択範囲の一番下の「mouja_0_0(2)」をクリックします。

26 この状態でインスペクターウィンドウを操作すると、選択したすべてのオブジェクトの操作ができます。タグで「enemy」を選択しましょう。

274

27 これで、衝突音が鳴るようになりました。[Play] ボタンで実行して、主人公を敵に衝突させると、敵が消えると同時に爆発音が鳴ります。

スクリプトの説明

スクリプト名	On Collision PlaySE	
スクリプトの目的	目標と衝突すると、指定したサウンドを再生する	
プロパティ	ターゲットオブジェクト（Target Object）	目標のオブジェクト
	Tag Name	目標のタグ名（グループ名）
	se	再生するサウンド

 この On Collision PlaySE をアタッチすると、**目標オブジェクト**か、**目標のタグ名を持つオブジェクト**と衝突したときに、**指定したサウンド**が鳴ります。

例えば、「**主人公が敵に触れたとき、警告音を鳴らす**」、「**主人公がアイテムを取得したとき、効果音を鳴らす**」、「**主人公が特定のエリアに到達したときに、効果音を鳴らす**」といった、ゲーム内の演出効果に使えます。

--- スクリプトの解説 ---

 以下が、「**衝突したら、サウンドを再生する**」スクリプトだ。

入力プログラム（OnCollisionPlaySE.cs）

```
1  using System.Collections;
2  using System.Collections.Generic;
```

▶次ページに続きます

```csharp
 3  using UnityEngine;
 4
 5  // 衝突すると、SEが鳴る
 6  public class OnCollisionPlaySE : MonoBehaviour
 7  {
 8      //---------------------------------------
 9      public GameObject targetObject; //[目標オブジェクト]
10      public string tagName; //[タグ名]
11      public AudioClip se; //[鳴らすSE]
12      //---------------------------------------
13
14      void OnCollisionEnter2D(Collision2D collision)   // 衝突したとき
15      {
16          // 衝突したものが、目標オブジェクトか、タグ名なら
17          if (collision.gameObject == targetObject ||
18              collision.gameObject.tag == tagName)
19          {
20              gameObject.GetComponent<AudioSource>().PlayOneShot(se);
21          }
22      }
23  }
```

このスクリプトで重要な部分を見てみよう。
まず、**目標オブジェクト**か、**目標のタグ名**を設定し、さらに、**鳴らすサウンド**を設定する。

```csharp
 9      public GameObject targetObject; //[目標オブジェクト]
10      public string tagName; //[タグ名]
11      public AudioClip se; //[鳴らすSE]
```

この部分では、衝突した相手が指定したオブジェクトやタグ名に一致するかどうかを確認している。もし一致していれば、`GetComponent<AudioSource>().PlayOneShot(se);` で設定されたサウンドを一回だけ再生する。この `PlayOneShot()` メソッドは、既にBGMなど、他

のサウンドが鳴っている場合でも重ねて再生することが可能なんだ。

このスクリプトを使うことで、「**目標のオブジェクトやタグを持つものと衝突したら、設定したサウンドを再生する**」を実現しているんだ。

```
14    void OnCollisionEnter2D(Collision2D collision)    // 衝突したとき
15    {
16        // 衝突したものが、目標オブジェクトか、タグ名なら
17        if (collision.gameObject == targetObject ||
18            collision.gameObject.tag == tagName)
19        {
20            gameObject.GetComponent<AudioSource>().PlayOneShot(se);
21        }
22    }
```

CHAPTER 11.3
火花パーティクルを作る

火花の
パーティクルを
作りましょう

パーティクルシステムで演出効果を作る

Unityには、**パーティクルシステム**という演出効果を行う機能があります。パーティクルシステムは、1つのオブジェクトではなく、たくさんの**小さな粒子（パーティクル）**を放出するしくみで、個々のパーティクルは、小さな点や粒ですが、たくさん集まることで以下のような演出が可能です。

- **自然現象**：雨、雪、火花、煙、霧など
- **エフェクト**：魔法、爆発、軌跡など
- **環境表現**：噴水、塵、蒸気、泡など

これらの演出効果により、ゲームをより華やかに表現できます。

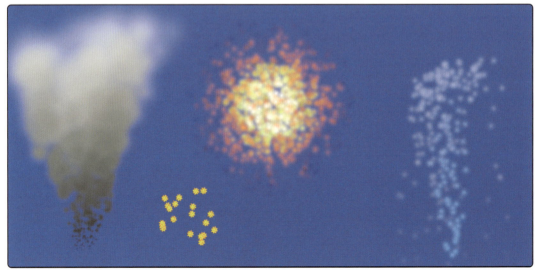

煙、火花、爆発、噴水

278

パーティクルシステムのしくみ

パーティクルシステムには、多くのパラメータがあり、これらのパラメータを工夫することで、さまざまなエフェクトを作り出していきます。以下、設定項目を詳しく解説しています。

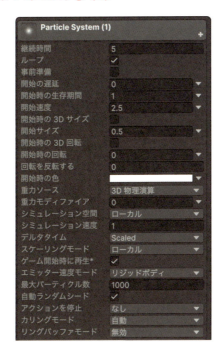
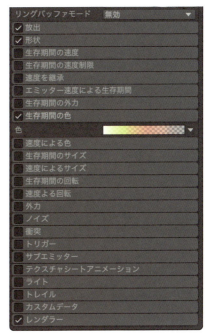

1. パーティクルの生成と消滅

パーティクルシステムは、花火のように次々と小さな粒を出すしくみです。時間が経つと、その粒は徐々に小さくなって消えていきます。線香花火に例えると、最初に明るい火花がパッと飛び出し（これを「**生成**」といいます）、その後小さくなって消えていきます（これを「**消滅**」といいます）。パーティクルシステムでは、このように「**粒が生まれて消えるまでの動き**」をコントロールできます。

継続時間	効果がどのくらいの長さで続くかを決めます。例えば、花火の時間は5秒間という具合です。設定した時間が終わると、効果は消えます。
ループ	効果を繰り返し表示するかどうかを決めます。チェックを入れると、例えば雨や煙のように、ずっと続けて表示することができます。
開始の遅延	効果がはじまるまでの待ち時間を決めます。例えば「3秒待ってから花火を打ち上げる」といった演出ができます。
開始時の生存期間	1つ1つの粒がどのくらいの時間見えるかを決めます。線香花火なら短め(すぐ消える)、煙なら長め（ゆっくり落ちる）といった具合です。
最大パーティクル数	一度に表示できる粒の数の上限です。数が多すぎるとゲームの動きが重くなる可能性があるので、適切な数を決めます。

2. パーティクルの動き

パーティクルには、さまざまな動きをつけることができます。「**どの方向に飛ぶのか**」「**どのくらいの速さで動くのか**」「**重力の影響を受けるのか**」といった動きを自由に設定できます。例えば、線香花火のように四方八方に散らばったり、噴水の水しぶきのように上に上がって重力で下に落ちたり、花吹雪が舞い落ちるとき風で左右に流れるような動きが作れます。

開始速度	最初に飛び出すスピードを決めます。線香花火のように勢いよく飛ばしたいときは速く、煙のようにゆったり動かしたいときは遅くします。
重力モディファイア	パーティクルにかかる重力の強さを調整します。噴水の水しぶきのように、上に飛び散った後で下に落ちる動きを作るときに使います。
エミッター速度モード	パーティクルの動き方の基本設定です。自動的に一定速度で動く動きか、物理法則に従った動きか（物が投げられたときのような）を選べます。
生存期間の回転	パーティクルを回転させることができます。例えば、1秒間に45度回るように設定すると、くるくると回りながら動く表現ができます。
生存期間の外力	パーティクルに特定の方向への力を加えることができます。例えば、横向きの力を加えると、煙が風に流されるような動きを作れます。
放出（Emission）	1秒間に何個のパーティクルを出すかを決められます。たくさんにすれば、花火のように一度にドーンと大量に出すような設定もできます。

3. 色や大きさの変化

パーティクルは、「**色や大きさを決められる**」だけでなく、「**時間とともに色や大きさが変わっていく**」ように設定することもできます。例えば、炎のパーティクルでは、最初は赤やオレンジ色の大きな火が、だんだん灰色の小さな灰になっていくような動きを作れます。

開始時の色	パーティクルが生まれた瞬間の色を決めます。火花ならオレンジ色、煙なら灰色など、作りたいエフェクトにあわせて色を設定できます。
開始サイズ	パーティクルが最初に出てくるときの大きさを決めます。大きな値にすると目立つエフェクトに、小さな値にすると控えめな演出になります。
生存期間の色	パーティクルが時間とともに色が変化するように設定できます。例えば火花のエフェクトなら、最初は明るいオレンジ色で、だんだん暗くなって消えていくような変化をつけられます。
生存期間のサイズ	パーティクルの大きさが時間とともに変化するように設定できます。例えば煙のエフェクトなら、小さく生まれて徐々に大きく広がっていくような動きを作れます。

4. パーティクルの発生場所と形

パーティクルは「どこから出てくるのか」「どんなかたちに広がるのか」を自由に決められます。例えば、1つの点から火花が四方八方に散らばったり、噴水のように扇のかたちに水しぶきが上に広がったりと、いろいろな表現ができます。

形状（Shape）	パーティクルが出てくる場所のかたちを選べます。
［スフィア（球体）］	球の真ん中から、まわりに向かってパーティクルが飛び出します。花火や爆発など、あらゆる方向に広がるエフェクトを作るのに便利です。
［半円］	半円からパーティクルが出てきます。地面から水しぶきが上がったり、火山から煙が噴き出したりするような動きを作れます。
［円錐］	円錐形の先端からパーティクルが放射状に発生し、広がりながら飛ぶような動きを表現できます。線香火花や水しぶきに適しています。
［ボックス］	四角い箱の中のランダムな場所からパーティクルが出てきます。部屋の中に漂う霧や煙のような、空間全体に広がるエフェクトを作れます。

5. テクスチャとランダム性

パーティクルは「画像（テクスチャ）を使って見た目を変える」ことができます。例えば、火花を作るときに火の画像を使えばリアルな火花に、アニメっぽい画像を使えばアニメ風の火花になります。さらに、パーティクルの動きにランダムな変化をつけることで、より自然な動きを作れます。

レンダラー	パーティクルの見た目を決める設定です。画像の使い方や表示の仕方を変えて、作りたいエフェクトにぴったりの見た目を作れます。
レンダーモード（ビルボード）	パーティクルが常にカメラの方を向くように表示される設定です。これを使うと、どの角度から見ても画像がきれいに見えます。
マテリアル	パーティクルに貼り付ける画像や素材を選べます。例えば、火花なら火の画像を、煙なら半透明の煙の画像を使うことで、よりリアルな表現ができます。
回転を許可	この設定をオンにすると、パーティクルがクルクルと回転するようになります。例えば、風に舞う葉っぱや紙吹雪のような動きを作れます。
自動ランダムシード	この設定をオンにすると、パーティクルが毎回少しずつ違う動きをするようになります。これにより、まったく同じ動きの繰り返しを避けて、より自然な感じのエフェクトを作ることができます。

新しいシーンを追加する

それでは、実際にパーティクルシステムを作ってみましょう。理想のパーティクルを試行錯誤しながら作っていくために、パーティクルシステムを試すための**新しいシーン**を作りましょう。

1 メニュー【ファイル → 新しいファイル】を選択し、【Basic 2D (Built-in)】を選択し、【作成】ボタンをクリックして、新しいシーンを作ります。

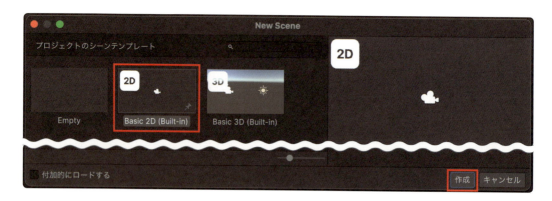

2 メニュー【ファイル → 保存】を選択して、【Scenes】フォルダを選択し、ファイル名を「particle」と入力して、【Save】ボタンをクリックしましょう。

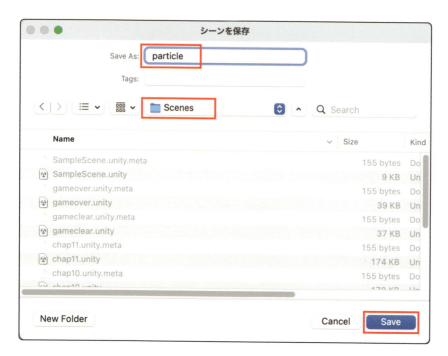

火花のパーティクルを作る

パーティクルのパラメータをいろいろ変更しながら、**火花のパーティクル**を作りましょう。

3 メニュー[**ゲームオブジェクト → エフェクト → パーティクルシステム**]を選択します。すると、シーン上でたくさんの**小さな粒子（パーティクル）**が上に放出される様子が表示されます。

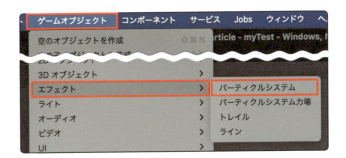

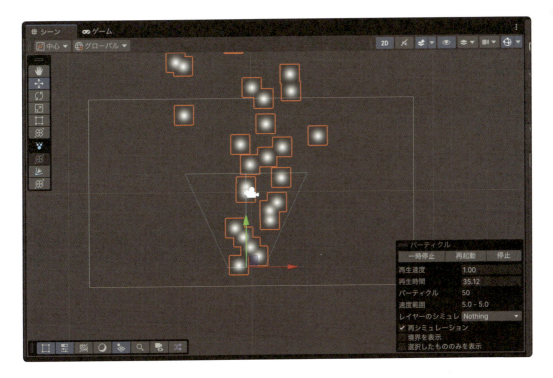

4 インスペクターウィンドウで、[**ループ**]のチェックをオフにしてみましょう。5秒経つと、放出が止まります。

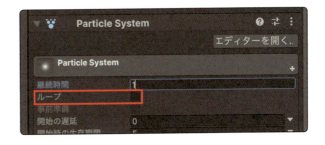

5 放出する時間を調整しましょう。［継続時間］を1（秒）に変更します。ただしそのままでは何も放出されないので、シーン上にある［パーティクル］パネルの［再起動］ボタンをクリックしましょう。1秒だけ放出されるようになりました。

6 放出されたパーティクルが消えるまでの時間を調整しましょう。［開始時の生存期間］を0.8（秒）に変更します。［再起動］ボタンをクリックすると、パーティクルがすぐ消えていくようになりました。

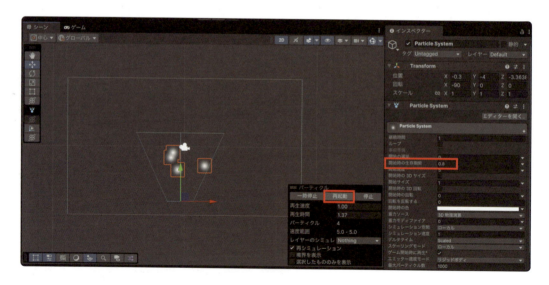

7 パーティクルの移動速度を調整しましょう。［開始速度］を2に変更します。［再起動］ボタンをクリックすると、パーティクルの速度がゆっくりになります。［開始速度］を5、10と増やすと速度が速くなります。

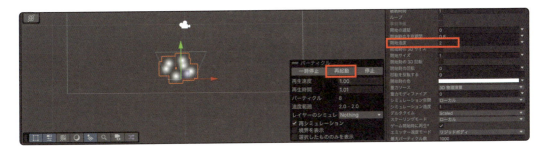

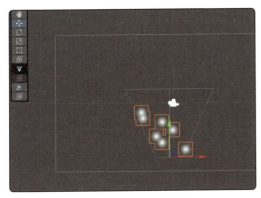

［開始速度］5の場合

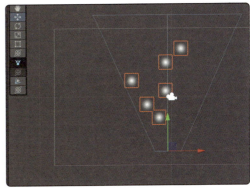

［開始速度］10の場合

8 **パーティクルの大きさ**を調整しましょう。**［開始サイズ］を0.5に変更**します。**［再起動］ボタン**をクリックすると、パーティクルのサイズが小さくなります。**［開始サイズ］**を1、2と増やすとサイズが大きくなります。

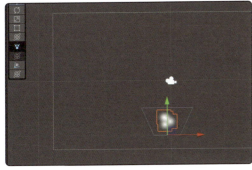

［開始サイズ］1の場合

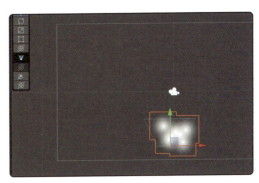

［開始サイズ］2の場合

285

9 **パーティクルを放出する形状**を調整しましょう。[形状]をクリックして表示された[形状]で変更できます。火花は、四方八方に放出したいので、[スフィア]を選択します。[ボックス]に変更すると四角い範囲から放出されます。[半球]に変更すると上方向に円形に放出されます。

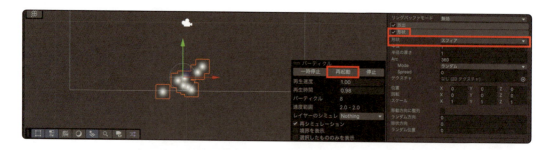

[形状][ボックス]の場合

[形状][半球]の場合

10 火花っぽい動きになってきましたが、火花の放出がパラパラと少ない気がします。一気にパッと放出されるように変更します。**パーティクルを放出するタイミング**を調整しましょう。[放出]をクリックして表示された[時間ごとの率]を10から0に変更します。そして、[バースト]の[+]ボタンをクリックして1行追加します。[数]を30に変更しましょう。[数]を10に変更すると放出が少なくなります。[数]を100に変更すると放出が多くなります。

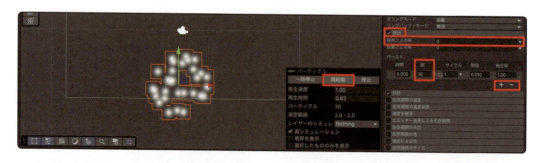

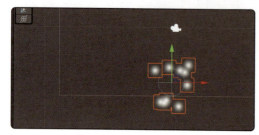

[数]10の場合

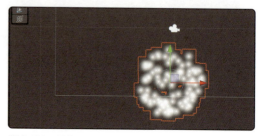

[数]100の場合

11 白い粒子が広がるだけなので、火花っぽい色にしたいと思います。**パーティクルの色の変化**を調整しましょう。**［生存期間の色］のチェックをオン**にして、**［生存期間の色］の文字**をクリックしましょう。表示された**［色］**をクリックすると**［Gradient Editor］**が開きます。**［色のバー］**の上のつまみは透明度、下のつまみが配色です。**［色のバー］**の左から1/3ぐらいの下をクリックすると新しいつまみが表示されます。

12 この**つまみをダブルクリック**すると色を変更するダイアログが開きます。**黄色**を選択しましょう。さらに、**左から2/3ぐらいの下**をクリックして、その**つまみをダブルクリック**して**赤色**を選択します。さらに**右下のつまみをダブルクリック**して**黒色**を選択します。

［再起動］ボタンをクリックすると、パーティクルの色が、火花が光って散るように、白、黄、赤、黒と変化していくようになりました。

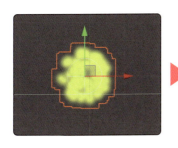 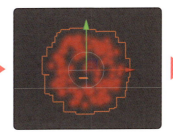 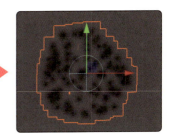

🔢 粒子が同じ大きさのまま広がるだけなので、最初は大きく、だんだん小さくしたいと思います。**パーティクルのサイズの変化を調整しましょう**。[生存期間のサイズ]のチェックをオンにして、[生存期間のサイズ]の文字をクリックしましょう。表示された[サイズ]の四角いエリアをクリックします。するとインスペクターウィンドウの下の[パーティクルシステムカーブ]にグラフが表示されます。

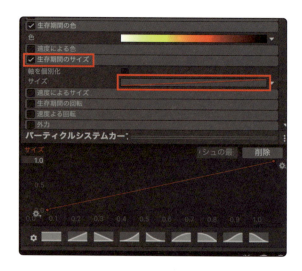

🔢 [**パーティクルシステムカーブ**]の下に並んだボタンの中から、[カーブを描いて下がっている]ボタンをクリックしましょう。

[再起動]ボタンをクリックすると、パーティクルのサイズが、なだらかに小さくなっていくようになりました。

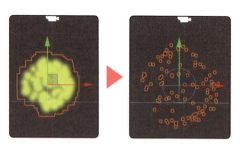

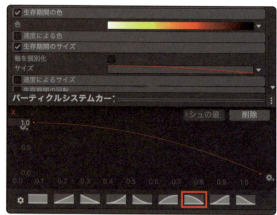

🔢 さらに、火花が少し落ちていくようにしたいと思います。**パーティクルの重力を調整しましょう**。[**重力モディファイア**]を **0.8** に変更します。放出されてから落ちていく感じになり、火花っぽくなってきましたね([**重力モディファイア**]を **2** に変更すると、急に落下するようになります)。

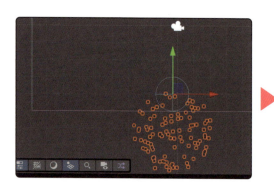

🐸 画像で火花パーティクルを作る

このパーティクルを敵と主人公が衝突したときに表示させると、**衝突の演出効果**として使えそうです。ただし少々リアルな火花なので、ドット絵のゲームのテイストとは感じが違うように思えます。そこで、パーティクルを画像に変更して、イラスト風のパーティクルに変更してみましょう。

🔢 まずは、**パーティクル用のマテリアル**を作ります。Unityの[**プロジェクトウィンドウ**]の［Assets］フォルダを表示させてから、メニュー[**アセット → 作成 → マテリアル**]を選びましょう。

🔢 プロジェクトウィンドウにできた[**新しいマテリアル**]の名前を「spark」に変更し、[**Shader**]で[**Particles → Standard Unit**]を選択しましょう。

11 音とエフェクトを追加しよう

289

🔟18 プロジェクトウィンドウの [Images] フォルダ内の bomb_2 を、インスペクターウィンドウの [新しいマテリアル] の [アルベド] の左の四角い枠にドラッグ&ドロップします。

🔟19 この状態は、PNG画像の透明部分が透明でない状態なので、透明にする設定をします。[ブレンドオプション] の [レンダリングモード] を [Opaque] から [Cutout] に変更します。これで、画像のパーティクル素材ができました。

🔟20 この素材をパーティクルシステムに設定しましょう。ヒエラルキーウィンドウの [Particle System] を選択し、[レンダラー] のチェックをオンにして、[レンダラー] の文字をクリックして開きましょう。この [マテリアル] の項目に、先ほど作った新しいマテリアルの [spark] を設定します。プロジェクトウィンドウの spark をインスペクターウィンドウの [レンダラー] の [マテリアル] にドラッグ&ドロップして設定します。

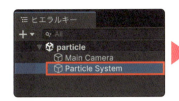

21 [再起動] ボタンをクリックしましょう。イラストのパーティクルが放出されるようになりました。ゲームのテイストにあった火花になりましたね。

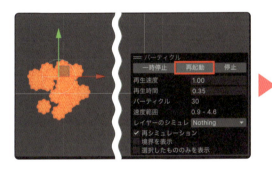
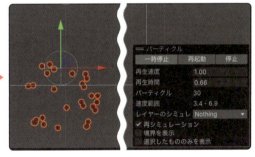

タッチで火花を出してテストする

試行錯誤しながら火花のパーティクルができました。次は、このパーティクルをプレハブ化して部品として使えるようにしましょう。そして火花の様子をテストするためにChapter 9で作った「**タッチすると、オバケが出現するしかけ**」と同じ方法を使って、「**タッチすると、火花が出現するしかけ**」を作りましょう。

22 作った火花のパーティクルをプレハブ化しますが、火花が散ったあとも残り続けるとシーン上にオブジェクトが増え続けてしまいます。そこで、**火花が散るアクションが終わったら、オブジェクトを自動で破棄する設定**をしましょう。インスペクターウィンドウの [**アクションを停止**] を [なし] から [破棄] に変更します。これで、火花が散ったらオブジェクトが破棄されるようになります。

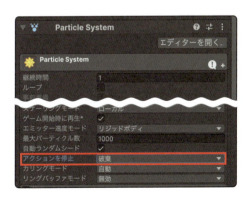

11 音とエフェクトを追加しよう

291

㉓ それでは、プレハブ化しましょう。ヒエラルキーウィンドウの［Particle System］を、プロジェクトウィンドウにドラッグ＆ドロップします。

㉔ プロジェクトウィンドウの［Particle System］を右クリックして、メニューから［名前の変更］を選択し、名前を［spark］に変更しましょう。

㉕ パーティクルのプレハブ化ができたので、「タッチした位置に、プレハブを作る（ On Mouse Down Create Prefab ）」スクリプトを使って、「タッチすると、火花が出現するしかけ」を作りましょう。ヒエラルキーウィンドウの［Main Camera］を選択し、［コンポーネントを追加］から、 On Mouse Down Create Prefab をアタッチします。

26 [New Prefab] の「◎」をク
リックし「**アセット**」をクリッ
クしてから、**spark** をダブル
クリックします。

27 [Play] ボタンで実行しましょう。画面をタッチすれば、そこに**火花のパーティクル**が発生する
ようになりました。

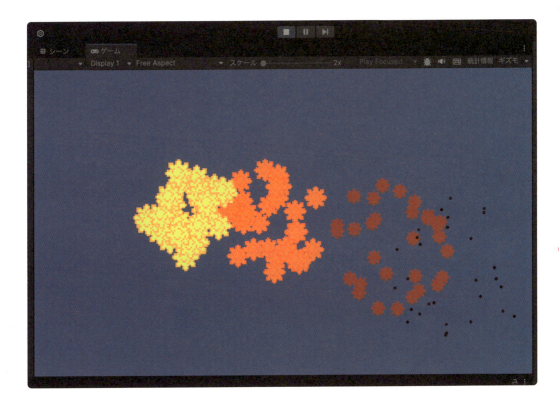

COLUMN：パーティクルシステムの例

パーティクルシステムの、多くのパラメータを変更すると、他にもいろいろなエフェクトを作り出すことができるぞ。以下はその例だ。メニュー **[ゲームオブジェクト → エフェクト → パーティクルシステム]** を選択してパーティクルシステムを作ったら、パラメータを以下のように修正してみよう。

- 煙パーティクルの例 ❶

　継続時間：15
　開始時の生存期間：6
　開始速度：1.5
　開始サイズ：2.5
　［放出］時間ごとの率：100
　［形状］角度：15
　［形状］半径：0.2
　［生存期間の色］上のつまみ：アルファ255→
　　255→0
　［生存期間の色］下のつまみ：濃い灰色→白
　［生存期間のサイズ］下から上へ直線のカーブ
　［ノイズ］強さ：0.2

- 爆発パーティクルの例 ❷

　［放出］時間ごとの率：1000
　［形状］形状：スフィア
　継続時間：15
　ループ：オフ

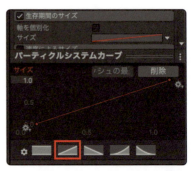
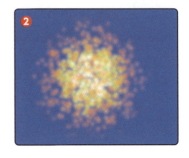

開発時の生存期間：1

開始速度：2.5

開始サイズ：0.5

［生存期間の色］上のつまみ：アルファ255→0

［生存期間の色］下のつまみ：白→黄色→オレンジ→オレンジ→黒

- **噴水パーティクルの例 ❸**

    開始時の生存期間：2.5

    開始速度：12

    開始サイズ：0.5

    重力モディファイア：1

    ［放出］時間ごとの率：100

    ［形状］角度：4

    ［形状］半径：0.4

    ［生存期間の色］上のつまみ：アルファ255→0

    ［生存期間の色］下のつまみ：水色→青→白

    ［ノイズ］強さ：0.5

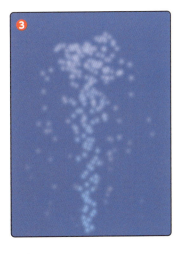

CHAPTER 11.4
敵と衝突したら、火花パーティクルを表示

敵と衝突したとき、火花のパーティクルを表示しましょう

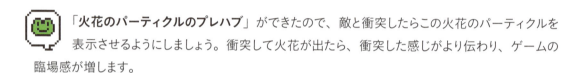

「火花のパーティクルのプレハブ」ができたので、敵と衝突したらこの火花のパーティクルを表示させるようにしましょう。衝突して火花が出たら、衝突した感じがより伝わり、ゲームの臨場感が増します。

28 まず、メインゲームのシーンを開きます。プロジェクトウィンドウの［Scenes］の「**chap11**」をダブルクリックして開き、シーン上の**主人公**を選択します。

29 ［コンポーネントを追加］から、On Collision Create Prefab をアタッチします。

30 [Tag Name] に「enemy」と入力し、[New Prefab] の「◎」をクリックし「**アセット**」をクリックしてから、**spark** をダブルクリックします。

31 [Play] **ボタン**で実行しましょう。敵に衝突すると、爆発音と同時に敵が消えて、火花が出現します。ゲームとしていい感じになりましたね。ついに、できあがりです。おめでとうございます。

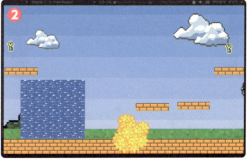
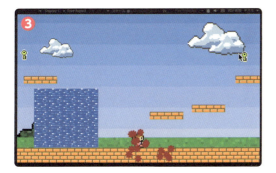
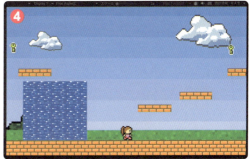

スクリプトの説明

スクリプト名	On Collision Create Prefab	
スクリプトの目的	衝突をタッチすると、その位置に指定したプレハブを作成する	
プロパティ	ターゲットオブジェクト（Target Object）	目標のオブジェクト
	Tag Name	目標のタグ名（グループ名）
	New Prefab	作るプレハブのオブジェクト
	New Z	作るプレハブのZ座標（デフォルト：-5）

これをアタッチすると、**目標オブジェクト**か、**目標のタグ名を持つオブジェクト**と衝突したとき、**衝突したところに、指定したプレハブを作る**ことができます。

例えば、「主人公が敵と衝突したときに、**火花エフェクトを表示する**」、「主人公がアイテムを取得したときに、**輝きエフェクトを表示する**」、「弾が壁に当たったときに、**爆発エフェクトを表示する**」といった、ゲーム内の視覚的な演出効果に使えます。

スクリプトの解説

以下が、「衝突すると、プレハブを作る」スクリプトだ。

入力プログラム（OnCollisionCreatePrefab.cs）

```csharp
using System.Collections;
using System.Collections.Generic;
using UnityEngine;

// 衝突すると、そこにプレハブを作る
public class OnCollisionCreatePrefab : MonoBehaviour
{
    //---------------------------------------
    public GameObject targetObject; //[目標オブジェクト]
    public string tagName; //[タグ名]
    public GameObject newPrefab; //[作るプレハブ]
    public int newZ = -5; //[描画順]
```

```
13      //----------------------------------------
14
15      void OnCollisionEnter2D(Collision2D collision)  // 衝突したとき
16      {
17          // 衝突したものが、目標オブジェクトか、タグ名なら
18          if (collision.gameObject == targetObject ||
19              collision.gameObject.tag == tagName)
20          {
21              // 衝突位置にプレハブを作ってその位置の手前に表示する
22              GameObject newGameObject = Instantiate(newPrefab) as GameObject;
23              Vector3 pos = collision.contacts[0].point;
24              pos.z = newZ;
25              newGameObject.transform.position = pos;
26          }
27      }
28  }
```

このスクリプトで重要な部分を見てみよう。
まず、衝突の対象となるオブジェクトやタグ、そして衝突時に生成するプレハブを設定する。

```
9   public GameObject targetObject;  //[目標オブジェクト]
10  public string tagName;  //[タグ名]
11  public GameObject newPrefab;  //[作るプレハブ]
```

次の部分で、衝突時の処理を行っている。
衝突した相手が、**指定したオブジェクト**か、**指定したタグ名（グループ名）**だったら、プレハブを作っている。衝突が起こった位置（ `collision.contacts[0].point` ）に指定されたプレハブを生成し、Z座標を調整して配置する。

このスクリプトを使うことで、「**オブジェクト同士が衝突したときに、その衝突位置に指定したプレハブを生成する**」機能を実現しているんだ。

```
18      if (collision.gameObject == targetObject ||
19          collision.gameObject.tag == tagName)
20      {
21          // 衝突位置にプレハブを作ってその位置の手前に表示する
22          GameObject newGameObject = Instantiate(newPrefab) as GameObject;
23          Vector3 pos = collision.contacts[0].point;
24          pos.z = newZ;
25          newGameObject.transform.position = pos;
26      }
```

INDEX

■数字

2Dコア ———————————— 029

16:9 ———————————— 031

■A

AddForce ———————————— 175

Animator ———————————— 142

Audio Source ———————————— 264

■B

BGM ———————————— 264

Box Collider 2D ——— 036,068,097

Buoyancy Effector 2D ——————— 183

■C

C# ——————————— 018,036,055

Canvas ———————————— 230

Capsule Collider 2D ——— 036,097,171

Circle Collider 2D ——— 036,082,097

Collider 2D ———————————— 096

■D

Destroy ———————————— 208,250

■F

FixedUpdate() ——————— 056,084,094

Free Aspect ———————————— 31

■G

GetComponent<SpriteRenderer>().flipY ———————————— 066

Gradient Editor ———————————— 287

■I

Input.GetAxisRaw() ——— 094,106,149

InvokeRepeating ———————————— 219

■K

Kinematicモード ——— 116,117,179,187

■L

LateUpdate() ———————————— 194

linearVelocity ———————————— 102,106

■M

Main Camera ———————————— 035

■O

OnMouseDown() ——————— 068,073

■P

Particle System ———————————— 278

Physics2D.Raycast ———————————— 175

Platform Effector 2D ———————————— 181

public ———————————— 056,116

public staticの変数 ———————————— 240

301

■R

rbody.AddForce	175
Rigidbody 2D	096, 098

■S

SceneManager.LoadScene()	062, 229
SetActive	078, 123
Start()	095
Sprite Renderer	036, 107, 113, 184

■T

transform.Rotate	061, 084
transform.Translate	056, 094
Time.deltaTime	056, 179
Time.timeScale	125
TMP Importer	231

■U

UI TextMeshPro	230
Unity Hub	020, 046
Unityエディタ	020, 030
Update()	094

■V

void OnMouseUp()	084

■X

x軸	034

■Y

y軸	034

■Z

z軸	079

■あ行

アタッチ	035, 044, 052, 054, 057
アニメーション	136
アニメーションパネル	139
アニメーター	136, 142
アニメータータブ	145
色の変更	113, 287
インスペクターウィンドウ	031, 053
ウィンドウ	032
オブジェクト	033
オブジェクトの移動・回転	041, 042
オブジェクトの奥行き	080
オブジェクトの表示	039
オブジェクトの複製	109, 171

■か行

角度減衰	104
重なり順	079
カメラ	034, 079, 189
ゲームオブジェクト	033
ゲームタブ	031
ゲームビュー	031
コライダー	068, 097
コンポーネント	035, 036

コンポーネントの削除 ── 063
コンポーネントの追加 ── 053

■ さ行

座標 ── 034
サンプルファイル ── 012, 037, 265
シーン ── 034, 038, 048
シーンの作成 ── 049
シーンの操作 ── 039
シーンの複製 ── 158, 222
シーンの保存 ── 045, 050, 069
シーンタブ ── 031
シーンビュー ── 031
シーンファイル ── 048
シーンリスト ── 155
時間の制御 ── 119, 125
自動タイリング ── 108
重力 ── 099, 164
衝突 ── 096
スクリプト ── 038
線形減衰 ── 104

■ た行

タグ ── 211, 273, 297
ツールバー ── 031
ツールパレット ── 031

■ は行

パーティクルシステム ── 278, 283, 294
ヒエラルキーウィンドウ ── 031, 191
ビルドプロファイル ── 154, 159
描画モード ── 107
プレハブ ── 166, 198
プロジェクト ── 028, 030
プロジェクトウィンドウ ── 031, 043, 051

■ ま行

摩擦 ── 104
マテリアル ── 289

■ や行

ユーザーインターフェース ── 230

■ ら行

リジッドボディ ── 096
レイヤー ── 079

サンプルファイルの中にはスクリプト一覧表が入っている。※マークの付いているものは本書では解説していないが、おまけでつけたスクリプトだ。他のスクリプトを参考に使ってみよう

303

STAFF

ブックデザイン ：岩本 美奈子
ドット絵イラスト：森 巧尚
DTP ：AP_Planning
担当 ：古田 由香里

AUTHOR

森 巧尚 もりよしなお

パソコンが登場した『マイコンBASICマガジン』
（電波新聞社）の時代からゲームを作り続けて
約40年。現在は、コンテンツ制作や執筆活動
を行い、また関西学院大学、関西学院高等部、
成安造形大学の非常勤講師や、プログラミング
スクールコプリの講師など、プログラミングに関
わる幅広い活動を行っている。

著書に『ゲーム作りで楽しく学ぶ Python のきほ
ん』『ゲーム作りで楽しく学ぶ オブジェクト指向
のきほん』『楽しく学ぶ Unity3D 超入門講座』
『作って学ぶiPhoneアプリの教科書〜人工知
能アプリを作ってみよう！〜』『アルゴリズムとプ
ログラミングの図鑑【第２版】』(以上マイナビ出
版）、『Python3年生 ディープラーニングのしく
み』『Ｐｙｔｈｏｎ３年生 機械学習のしくみ』
『Python2年生 デスクトップアプリ開発のしくみ』
『Python2年生 データ分析のしくみ』『Python
２年生 スクレイピングのしくみ』『動かして学ぶ！
Vue.js開発入門』『Python1年生』『Java1年生』
（以上翔泳社）など多数。

（たの）（まな）
楽しく学ぶ
（ユニティ）（ツーディー）（づく）
Unity「2Dゲーム」作りのきほん

2024年12月25日　初版第1刷発行

著者　森 巧尚
発行者　角竹 輝紀
発行所　株式会社マイナビ出版
　　　　〒101-0003　東京都千代田区一ツ橋2-6-3 一ツ橋ビル 2F
　　　　☎0480-38-6872（注文専用ダイヤル）
　　　　☎03-3556-2731（販売）
　　　　☎03-3556-2736（編集）
　　　　編集問い合わせ先：pc-books@mynavi.jp
　　　　URL：https://book.mynavi.jp
印刷・製本　株式会社ルナテック

©2024 森巧尚, Printed in Japan.
ISBN 978-4-8399-8608-7

■ 定価はカバーに記載してあります。
■ 乱丁・落丁についてのお問い合わせは、TEL：0480-38-6872（注文専用ダイヤル）、
　電子メール：sas@mynavi.jpまでお願いいたします。
■ 本書掲載内容の無断転載を禁じます。
■ 本書は著作権法上の保護を受けています。
　本書の無断複写・複製（コピー、スキャン、デジタル化等）は、
　著作権法上の例外を除き、禁じられています。
■ 本書についてご質問等ございましたら、マイナビ出版の下記URLよりお問い合わせください。
　お電話でのご質問は受け付けておりません。
　また、本書の内容以外のご質問についてもご対応できません。
　https://book.mynavi.jp/inquiry_list/